储能科学与工程新兴领域
"十四五"高等教育教材

储能与综合能源系统

主编 黄 震 王丽伟

编写 韩 东 沈水云 杨 立

主审 金红光 杨勇平 于达仁

U0387513

中国电力出版社
CHINA ELECTRIC POWER PRESS

内 容 提 要

本教材主要聚焦于储能技术与综合能源系统的结合方面，共包括 6 章的内容，对应的学时根据学校的安排，可以选择 48～64 学时。

本教材首先对储能与综合能源系统进行了概述，从综合能源系统的发展出发，说明储能在综合能源系统中的重要作用，进而对储能与能源利用系统相结合的过程进行了分析。接下来的第 2～4 章，分别叙述了物理储能技术、电化学储能技术与燃料储能技术，这三章内容力求简单，主要考虑了两方面：一是已经学习过这部分知识的同学，可以快速达到复习的效果，二是基础薄弱的同学，可以通过简单易懂的知识内容，掌握如何分析储能系统的能量传递及相关效率。第 5 章为储能与综合能源系统的能量流与㶲流分析，这部分内容从综合能源转换分析及其驱动势出发，阐述了储能与综合能源转换技术的梯级匹配，通过梯级能量系统分析，指导同学们在储能与综合能源系统的匹配过程中，进行黑箱化处理和节能优化、能量流和㶲流分析、总能利用率和总㶲利用率分析。第 6 章为储能系统的碳排放与经济性分析，从储能系统的全生命周期碳足迹出发，说明其在碳减排方面的重要性，同时也从经济性方面对储能系统进行了分析。

本教材可以为项目式教学的课堂提供支撑，即从真实的产业场景出发，设计储能与综合能源系统的流程，形成初步的热力学设计框架，并融合化学、物理、热力学知识进行系统的分析，使得同学们结合项目设计深入理解能量效率、㶲效率、碳减排效果、经济性，避免纸上谈兵，进而通过应用分析强化理论学习，达到知识快速内化的效果。与此同时，希望通过本教材的引导，同学们在学习过程中可以从顶层设计出发构建包含储能的综合系统，跳出以往学习细节知识的习惯，从全局考虑问题。

本教材可作为储能科学与工程、新能源科学与工程、能源与动力工程等能源动力类专业以及能源互联网等电气类专业本科高年级学生或研究生低年级学生教材，也可以作为相关工程技术人员的参考用书。

图书在版编目（CIP）数据

储能与综合能源系统 / 黄震，王丽伟主编；韩东，沈水云，杨立编写. -- 北京：中国电力出版社，2024. 8（2025. 3 重印）. -- ISBN 978-7-5198-9200-5

Ⅰ. TK02；TK018

中国国家版本馆 CIP 数据核字第 20241Q06Y6 号

出版发行：中国电力出版社
地　　址：北京市东城区北京站西街 19 号（邮政编码 100005）
网　　址：http://www.cepp.sgcc.com.cn
责任编辑：牛梦洁
责任校对：黄　蓓　马　宁
装帧设计：王红柳
责任印制：吴　迪

印　　刷：三河市航远印刷有限公司
版　　次：2024 年 8 月第一版
印　　次：2025 年 3 月北京第二次印刷
开　　本：787 毫米×1092 毫米　16 开本
印　　张：10.75
字　　数：215 千字
定　　价：38.00 元

能源是经济的命脉，能源安全事关经济社会发展全局，积极发展清洁能源，是立足新发展阶段、贯彻新发展理念、构建新发展格局、推动高质量发展的重要举措。

目前，我国正加快经济社会的全面绿色转型，其中能源的绿色转型是基础和关键。储能技术是建设新型电力系统、推动能源绿色低碳转型、实现"双碳"目标的战略支撑，已经成为发展新质生产力的新动能。储能技术是将能量通过物理或化学手段储存起来，并在需要时以特定形式释放和使用的技术。其核心价值是在时间和空间两个维度上，实现能量的灵活存取，从而优化能源系统的供需动态。储能技术作为新能源发展的核心支撑在促进能源生产消费、开放共享、灵活交易、协同发展，推动能源革命和能源新业态发展等方面发挥着至关重要的作用。创新突破的储能技术将成为带动全球能源格局革命性、颠覆性变化的重要引领技术，世界主要发达国家纷纷加强储能人才培养和技术储备，大力发展储能产业，抢占能源战略突破的制高点。

2020 年 1 月，教育部、国家发展和改革委员会、国家能源局联合发布了《储能技术专业学科发展行动计划（2020—2024 年）》，对储能相关学科建设、多学科人才交叉培养、产教融合等多方面提出了一系列推进举措。2020 年 3 月，教育部批准西安交通大学在国内率先创办储能科学与工程专业，西安交通大学委托我负责专业的筹建，我们组建了多学科交叉的专业建设团队，编写了全国首部《储能科学与工程本科专业知识体系与课程设置》，获批国家首批储能技术产教融合创新平台，构建了实施学科交叉、机制创新、产教融合的储能高端人才培养新模式。截至目前，全国共有 84 所高校设置了储能科学与工程专业，有 7 所大学先后获批建设国家储能技术产教融合创新平台。

由于储能科学与工程专业具有较强的综合性、系统性、应用性和学科交叉性，所以对储能技术人才的培养要求很高。从我国储能人才现状来看，不仅领军人才、复合型创新人才紧缺，骨干工程人才和基础人才的存量也严重不足，人才短缺已经严重制约储能技术的创新、产业发展和升级。开展储能科学与工程新兴领域专业的研究与建设，加快培养储能领域"高精尖缺"人才，增强产业关键核心技术攻关和自主创新能力，以产-教-研-学-用融合发展推动储能技术和产业高质量发展，是我国有关高校进行储能科学与工程专业建设的核心任务。

2021年6月，教育部发布了《关于推荐新兴领域教材研究与实践项目的通知》，推进布局未来战略性新兴领域人才培养，深化新工科建设。教育部高等学校能源动力类专业教学指导委员委托我牵头申报了"储能科学与工程新兴领域基础教材的研究与建设"项目。该项目于2021年10月获批，经过历时近1年的深入工作，于2022年7月通过教育部组织的专家评估，项目完成质量和水平获评优秀。

为了完善储能科学与工程专业的教材体系，加强储能人才培养和技术储备，根据教育部2023年3月发布的《关于组织开展战略性新兴领域"十四五"高等教育教材体系建设工作的通知》，2023年4月，由西安交通大学牵头，联合上海交通大学、哈尔滨工业大学、天津大学、南京航空航天大学、武汉理工大学、中国石油大学（北京）、南方科技大学、东南大学的11名院士以及多位专家学者，在已有工作的基础上，申报了教育部战略性新兴领域"十四五"高等教育教材体系建设（储能科学与工程）项目，并于同年11月获批。项目在深入调研国内外储能领域教材建设现状的基础上，结合储能科学与工程专业学科交叉性强、基础知识广泛、实践要求高等特点，策划并编写了储能科学与工程新兴领域"十四五"高等教育系列教材。申报项目时规划的16种教材的名称与主编信息如下。

序号	教材名称	主编	主编单位
1	储能导论	何雅玲　院士	西安交通大学
2	储能热流科学基础	陶文铨　院士	西安交通大学
3	电力系统与储能	王锡凡　院士	西安交通大学
4	热能储存与转化利用	宣益民　院士	南京航空航天大学
5	储能功能材料	韩杰才　院士	哈尔滨工业大学
6	氢能技术	张清杰　院士	武汉理工大学
7	智慧能源系统与经济性	管晓宏　院士	西安交通大学
8	储能与综合能源系统	黄　震　院士	上海交通大学
9	液流电池长时储能	徐春明　院士	中国石油大学（北京）
10	储能化学基础与应用	赵天寿　院士	南方科技大学

序号	教材名称	主编	主编单位
11	电力储能系统控制与保护	王成山　院士	天津大学
12	储能系统设计与应用	别朝红　教授	西安交通大学
13	储能系统并网技术	刘进军　教授	西安交通大学
14	储能电池基础	肖　睿　教授	东南大学
15	可再生能源利用与存储技术	廖　强　教授	重庆大学
16	储能半导体器件	徐友龙　教授	西安交通大学

　　储能科学与工程涉及的知识浩若星辰大海。本系列教材希望能给读者一个关于储能科学与工程的比较完整的知识框架，使读者掌握一个基本完善的知识体系。本系列教材各具特色，涉及储能科学与工程的各个方面，倾注了各位主编和参编专家、学者的心血，可以满足相关读者对储能科学与工程不同方面知识的学习要求。

　　作为教育部战略性新兴领域"十四五"高等教育教材体系建设（储能科学与工程）项目的负责人和《储能导论》的主编，我谨代表项目建设团队向支持系列教材顺利出版的教育部、国家发展和改革委员会、国家能源局等各领导部门，向参与系列教材编写的各位专家学者，向负责系列教材出版的高等教育出版社、中国电力出版社等单位的领导、编辑，一并表示衷心的感谢，并致以崇高的敬意。惟愿本系列教材的出版，能有益于培养读者宽广扎实的专业基础知识、过硬的分析及创新能力，为我国培养储能科学与工程高精尖专业人才提供重要支撑，不负所托！

　　盼望各位读者朋友对本系列教材的不足之处提出宝贵意见，以期不断完善，你们的意见和建议是我们不断进步的动力！

中国科学院院士

储能科学与工程项目负责人

2024 年 8 月

前　言

课堂视频
教材介绍

气候变化是当今人类所面临的重大挑战，自第一次工业革命以来，化石能源的大规模利用，推动了人类社会发展，但同时也产生了严重的气候变暖的问题，威胁了人类的生存和可持续发展。面向碳中和目标，我们正面临一场史无前例的由化石能源走向新能源的能源绿色转型，绿色电力将是未来最重要的二次能源，基于绿电的可再生燃料将实现非电能源燃料的脱碳。近年来，太阳能、风能发电快速发展，然而，太阳能、风能发电其自身具有间接性、波动性和随机性的特点，它们产生的电能受到天气条件、日照强度和时间等因素的影响，这种不稳定性不仅给电网调度和运行带来了很大的压力，还可能造成大量"弃风弃光"，造成能源浪费，新能源发电在实际应用中仍面临诸多挑战。储能技术是克服上述问题，促进新能源从补充能源走向主体能源的关键技术，可以起到消纳新能源、削峰填谷、增强电网稳定性和应急供电等多重作用，提高新能源的可靠性、灵活性和经济性，对于构建新能源为主体的新型电力系统和推进能源绿色转型具有极为重要意义。

该书作者团队长期致力于能源领域研究，特别在燃料及电化学储能、二氧化碳捕集与利用、先进综合能源系统等方面有着深厚的研究积累。本书中，作者从综合能源系统及其分析方法出发，介绍了物理储能技术、电化学储能技术以及燃料储能技术，进一步从综合能源系统的能源转换与驱动势出发，分析了储能与综合能源系统的能量流与㶲流，最后分析了储能系统的碳减排与经济性，本书特点是将储能与综合能源系统结合，以系统的观点，介绍了储能技术及其在综合能源系统中的重要作用。

本书可作为新能源、工程热物理、能源与动力工程、能源化学等学科高年级本科生和研究生的教材或参考书，也可为从事储能技术研发、综合能源系统设计的研究人员提供参考。本书的出版，希望对我国储能与综合能源系统的教学及研究工作起到有力的推动作用。

本书主要由黄震教授和王丽伟教授撰写，杨立教授参与了第 3 章的撰写，沈水云副教授参与了第 4 章的撰写，韩东教授参与了第 5 章的撰写，也特别感谢张家博、陈晓欧、尤佳彬、廖柱的无私帮助，在此表示一并感谢。特别感谢上海市四类高峰项目"能源科学与技术"以及国家自然科学基金委重点基金项目（52236004）的大力支持。

鉴于本教材的内容及分析方法较为新颖，教材中有疏漏甚至错误的地方，敬请拨冗赐教。

中国工程院院士

2024 年 6 月

符 号 说 明

1. 变量

A	面积，m^2	p_{eq}	平衡压力，Pa
AD_E	投入能量的数量	p_{ref}	参考压力，Pa
AD_M	物料消耗的数量	P	功耗，W；项目排放，t
B	磁感应强度，T	P_m	储能系统总收益率
B_y	第 y 年的基准碳排放，t	P_{net}	系统净输出功，W
c	流速，m/s	P_p	系统寄生功耗，W
c_p	定压比热容，J/(kg·K)	P_{stack}	系统输出功量，W
$c_{p,L}$	相变储热介质液态比热容，J/(kg·K)	P_y	第 y 年的项目排放，W
$c_{p,s}$	显热储热介质/相变储热介质固态比热容，J/(kg·K)	q	单位热量，J/kg
C	容量，mAh；成本金额，元	q_m	质量流量，kg/s
C_m	质量容量，mAh g^{-1}	q_v	体积流量，m^3/s
C_V	体积容量，mAh cm^{-3}	q_c	单位制冷剂工质吸热量，J/kg
CC	单位热值含碳量，tC/GJ	q_{hr}	回热循环解吸过程单位制冷剂工质吸热量，J/kg
COP	制冷系数	q_{des}	解吸过程单位制冷工质吸热量，J/kg
D	直径，m	q_{st}	等量吸附热，J/kg
DOD	充放电深度	q_0	单位制冷剂工质放热量，J/kg
e	比能，J	Q	热/冷量，J
e_X	流动比㶲，J/kg	Q_{cool}	制冷剂释放的冷量，J
E	总能，J；电压/电动势，V；总碳排放量，t	Q_{des}	解吸过程吸热量，J
E_d	能量密度，Wh/kg	Q_e	制冷剂工质吸热量，J
E_E	因投入能量而带来的间接碳排放，t	Q_{ex}	换热量，J
E_M	因所需物料的工业生产过程而带来的直接碳排放，t	Q_{evap}	蒸发过程吸热量，J
E_p	功率密度，W/L	Q_g	蒸汽发生器中热源对溶液的加热量，J
E_r	实际 CO_2 排放量，t	Q_s	显热蓄热量，J
E_t	理论 CO_2 排放量，t	Q_{total}	全生命周期储能系统总功能单位数量
E_{total}	储能系统在整个生命周期的总碳排放，t	r	回热率
E_X	流动㶲，J	R	半径，m；理想气体常数，8.314 J/(mol·K)；碳排放当量，kg；减排量，t
EF_E	投入能量的碳排放因子	R_g	气体常数，J/(kg·K)
EF_{Fuel}	化石燃料的碳排放因子	R_{stor}	储热比
EF_M	所需物料生产过程的碳排放因子	R_{total}	总收益，元/kWh
f_y	第 y 年系统中的火电电量占比	R_y	第 y 年的减排量，t

f_g	氢气利用率	s	比熵，J/（kg·K）
F	法拉第常数，96485 C/mol；区域电网排放因子，t/（MWh）	s_f	（热）比熵流，J/（kg·K）
$F_{grid,y}$	第 y 年区域电网排放因子，t/（MWh）	s_g	比熵产，J/（kg·K）
$F_{tp,y}$	第 y 年的火电排放因子，t/（MWh）	S	熵，J/k
g	重力加速度，m²/s	S^0	标准熵，J/k
G	吉布斯自由能，J	t	时间，s；摄氏温度，℃
$G_{i,y}$	第 y 年第 i 次发电量，MWh	T	热力学温度，K
G^0	反应标准自由焓，J	T_c	临界温度，K
GWP	全球增温潜势	T_r	对比温度，K
h	比焓，J/kg 或 kJ/kg；日发电小时数，h	u	比热力学能，J/kg
H	水头，m；焓，J；磁场强度，A/m；辅助设备能耗，kWh	U	热力学能，J
HHV	高热值，J/kg	v	比体积，m³/kg
H^0	标准焓，J	v_{ed}	体积能量密度，Wh/L
$\bar{H}$	平均水头，m	V	体积，m³；末期残值，元
i	折现率	V_L	相变储热介质液态容积，m³
I	电流，A；投资金额，元	V_{MH}	氢化物体积，m³
J	转动惯量，kg·m²	V_s	抽水蓄能库容，m³；显热储热介质/相变储热介质固态容积，m³
K	反应平衡常数；抽水蓄能损失系数	w	单位能耗，kWh/kg
L	电感，H；循环次数	w_{area}	每平方米的发电量，kWh/m²
$LCOE$	平准化电力成本	W	消耗/产生的能量，J
LHV	低热值，J/kg	W_{cool}	制冷过程能耗，J
m	质量，g 或 kg 或 t	W_{el}	电力能耗，J
M_{CC}	捕获的 CO_2 量	W_{net}	净输出功，J
$M_{j,y}$	第 y 年第 j 次储存的储存电量，MWh	W_p	泵能耗，J
M_{TC}	系统输入的 CO_2 量	YCC	储能系统经济效益指数
M_w	摩尔质量，g/mol	z	重力场高度，m
n	摩尔量，mol；氢气浓度；氢气瓶数量	Z	蓄水位，m
N	调峰容量，kW；总气体摩尔量	Z_{LD}	下水库死水位，m
OF	化石燃料的碳氧化率	Z_{LN}	下水库正常蓄水位，m
$O\&M_n$	第 n 年运营及维修成本	Z_{UD}	上水库死水位，m
p	压力，Pa	Z_{UN}	上水库正常蓄水位，m
p_c	临界压力，Pa		

2. 希腊字母

ε	制冷系数；烟效率	Φ	热流量，kW
ρ	密度，kg/m³	θ	氢气覆盖率
ρ_L	相变储热介质液态密度，kg/m³	ω	转速，rad/s；偏心因子

ρ_s	显热储热介质/相变储热介质固态密度，kg/m³	ω_H	最高转速，rad/s
η	效率	ω_L	最低转速，rad/s
η_C	二氧化碳捕集效率	κ	绝热指数
$\eta_{C,s}$	压缩机绝热效率	π	压缩比；单位价格，元/kWh
η_{el}	电效率	ΔE	释放/储存的能量，J
η_{ESU}	电化学能量转换效率	ΔG	吉布斯自由能，kJ/mol
η_f	飞轮储能系统的能量利用率	ΔH	焓变，J
η_m	机械效率	ΔH_r	反应焓，J
η_p	抽水工况运行效率；生产效率	ΔH^0	标准焓变，J
η_t	循环热效率	ΔS^0	标准熵变，J/k
η_T	发电工况运行效率	Δt	时间步长，s
η_{HH}	电堆能量转化效率	ΔT	温度变化，K
η_{power}	系统能量效率	ζ	残值率
η_{sor}	太阳能发电量的储电效率		

3. 下标

0	环境状态；参考状态	k	时刻；投入能量形式
a	吸附质的吸附相	L	相变储能；液态
act	实际	LH2	液氢
air	空气	m	机械能
char	充能过程	max	最大值
cool	制冷过程	min	最小值
C	压缩机	month	每月
CH₄	甲烷	N₂	氮气
CO₂	二氧化碳	NH₃	氨
disch	释能过程	n	回收物料
el	电能	net	净值
elec	电网	out	出口；释能参数
eq	平衡状态	recycle	回收
ex	㶲	s	显热储能；固态
g	吸附质的气相	sor	太阳能
H	加热	sorb	吸收式制冷
H₂	氢气	total	总量
i	碳足迹阶段	T	透平/膨胀机
in	入口；储能参数	u	有效利用
ideal	理想条件	y	第 y 年
j	投入物料		

目 录

第 1 章
储能与综合能源系统概述及分析方法

1.1 综合能源系统的发展

自然界可以被利用的能源包括了煤、石油、天然气等矿物燃料的化学能以及风能、水力能、太阳能、地热能、原子能、生物质能等。能源利用的实质是能源的转换与利用过程。

随着社会经济的发展和进步，高效、节能、可持续的发展模式一直是工业发展的目标。在这个过程中，能源的综合利用越来越得到人们的重视。

数字资源
1.1.1 课堂视频：综合能源系统的物质流、能量流与信息流

1. 综合能源系统简介及其与储能结合举例

综合能源系统是指整合区域内煤炭、石油、天然气、电能、热能等多种能源，从而实现多种能源子系统或者子循环之间的协调规划、优化运行、协同管理。例如实现冷热电联供的能源系统，就是一类典型的综合能源系统。这类系统可以满足系统的多元化供能，进而有效提升能源利用效率。

综合能源系统应用较为典型的场景是工业园区。工业园区会有大量的、不同的能量需求与物质交换。因此将工业园区不同物质和能量需求的点设为节点，在节点之间，一般会进行高频物质交换与能源交易，综合能源系统所关注的是能源及其相对应的物质交换。物质流与能量流的协调应用，可以通过统筹规划节点地理位置、生产进度和工艺流程，极大地提高园区整体的生产效率。

工业园区的能源供需具有多来源、广分布、常变化的特点，并且与工艺流程、物料调度息息相关。这也就是综合能源系统的不同能源工况分析，该分析需要与很多的因素相结合，例如对于工业需要考虑工业流程、生产进度、节点能源分配等。只有在掌握了综合能源系统的分析准则之后，才能够合理地优化工艺流程、实现不同节点间的物质、能量优化分配，为现有的工业园区能源利用效率带来极大的提升空间。也可以说，在能源领域中，长期存在着不同能源形式协同优化的情况，如 CCHP（冷热电联供系统）通过不同品位热能与电能的协调优化，以达到燃料利用效率提升的目的。

与综合能源系统相对应，储能技术可以进一步起到节能或者提高经济性等效果。以工厂废热驱动的吸收式制冷系统与冰蓄冷系统相结合为例，当废热大量存在时，产生大量的冷量，如果冷量无法被消纳则可以采用冰蓄冷设备，将冷量储存起来，后期在需要的时候再释放出来，这可以起到很好的节能降耗的效果。

综合能源系统与储能相结合的案例很多。仅以低品位热能的网络化利用为例，所构建的综合能源网络如图 1-1 所示。图 1-1 中包括了分散式热源与集中式热源的利用，及其所对应的发电、制冷、储热等技术，形成了全面、高效的能源利用网络。其中发电技术包括了传统的热驱动的朗肯循环发电（采用水为工质）、中温热源驱动的 Kalina 循环发电（氨水发电循环）、低温热源驱动的有机朗肯循环（ORC）发电（采用有机工质），热驱动的制冷技术包括吸收式制冷和吸附式制冷，储能技术则包括了储电、储冷与储热，其中储热包括了相变储热、化学反应储热，以及吸附和吸收式储热。这些能量储存技术与综合能源系统网络相结合，可以很好地起到节能的效果。

图 1-1 中的技术也仅仅是能量供应过程中热驱动的发电、制冷等一些典型技术，没有全面地涵盖现有的综合能源系统的所有供能技术，但是可以体现综合能源系统优化分析的复杂性。也就是需要从能量的供给端、利用端进行综合的分析，同时为了实现能源利用效率的最大化，还需要考虑到能源的储存。

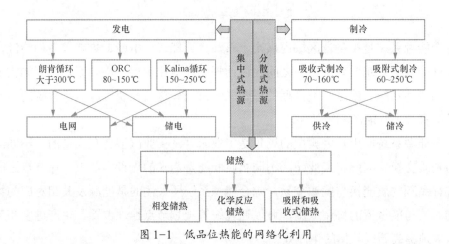

图 1-1　低品位热能的网络化利用

2. 综合能源系统的设计端与供给端

从目前的研究来看，现有的综合能源系统的优化研究，需要考虑设计、供给、调配和交易过程，分别有不同的研究方法和研究领域。

在设计端，宏观理论上以分布式多能源系统的容量设计为主，将多种能源转换设备进行封装建模，通过模拟仿真过程，确定节能特性，然后再进行现场实施。例如某工业园区进行了光伏发电系统设计，以及光伏方阵电池布置形式、系统并网方式的研究，此时所涉及的是光电转换过程。以综合能源系统，也就是热电联产机组为例，研究过程中，会涉及热电的转换以及热量的利用，此时首先需要对系统进行仿真，对产生的电力并网策略和蒸汽运行控制进行优化，然后再进行实施。在具体规划上，相关的研究多以匹配供需关系为主要目的，同时提高经济性。一般而言，研究多涉及热电联供（Cogeneration of Heat and Power）CHP、冷热电联供（Cogeneration of Cooling, Heat and Power）CCHP、新能源系统的容量规划，往往使用以热定电的设计方法，多遵循"理论建模→算法寻优→计算对比"的方法。

在供给端，需要根据现场的能量需求，确定综合能源系统合理输出，进而反馈到设计端。与此同时，供给端的现有研究较多与信息流相关，具体来说，集中于并网策略、热稳定性，以及工况稳定性研究。例如人们广泛研究的微电网能量管理系统，基于功率预测、前馈控制进行策略设计，使用储能波动平抑措施，平滑并网元件的系统输入，提高整体接入系统的稳定性。还有就是针对分布式能源系统的冷热电联供策略，保证在不同的用户需求下，不同能源转化元件可以稳定运行，进行合理的负荷分配。

能量的调配过程主要与信息流相关，现有的研究主要集中于定价策略、交易模式的研究。研究重点为交易策略本身的可靠性和鲁棒性。所涉及的技术包括了区块链技术的引入，基于以太坊平台的分布式能源交易系统、P2P 交易系统、不同能源的最优交互策略问题，碳交易和绿证交易为变动因素的经济优化算法等。这部分的内容主要和信息流方面的技术相关。

本教材所关注的是能量流以及在能量传递过程中相关的物质流的分析方法，及其与储能技术的结合。具体来说，通过开口系或者闭口系的分析，可以获得能量系统的物质流，与物质流相结合，可以得到与物质流相关的能量流。以燃气轮机装置为例，将整个燃气轮机系统取为一个闭口系时，可以获得热与功之间转换的关系，此时如果已知系统的输出功，以及系统的能量转换效率，可以获得系统输入的热量，计算过程中不需要考虑循环的物质流。但是如果需要分析燃气轮机的余热利用，则需要通过输入热量获得流入燃气轮机的气体流量，以及流出燃气轮机的废气流量以及温度，然后采取开口系的模式，进行计算与分析，最后获得开口系统的能量流，从而为综合能源系统的设计提供相关数据。

对以上研究进行总结，从技术提升层面来看，对综合能源系统的技术提升影响最大的是设计端与供给端，高效的综合能源系统设计以及合理的能量分配将直接影响综合能源系统的能量利用效率。

1.2　能源系统分类

综上所述，综合能源系统可以通过能源转换、储存与利用过程的有机匹配与优化，实现总体规划，也就是形成能源产供销一体化系统。它包括了供能模块（如供电、供气、供冷/热等）、能源转换模块（如 CCHP 机组、发电机组、锅炉、空调、热泵等）、能源存储环节（储电、储气、储热、储冷等）、终端综合能源供用单元（如微网）和大量终端用户共同构成。

综合能源系统中存在不同种类的能源转化系统，按照不同的来源可以分为太阳能转化元件、风能转化元件、电能转化元件、天然气转化元件、热能转化元件和储能系统。

1. 发电技术

太阳能光发电被认为是一种可再生能源再利用的有效方式，是指无需通过热过程直接将光能转变为电能的发电方式。技术主要包括了光伏发电、光化学发电、光感应发电和光生物发电。光伏发电是目前常用的一类可再生能源转换方式，它利用太阳能级半导体电子器件有效吸收太阳光辐射能，然后将其转变成电能，这也是当今太阳能光发电的主流。光化学发电技术包括电化学光伏电池、光电解电池和光催化电池，目前得到实际应用的主要是光伏电池技术。

风能发电是将风的动能转变成机械动能，再把机械能转化为电力动能。风力发电的原理，是利用风力带动风车叶片旋转，再透过增速机将旋转的速度提升，促使发电机发电。风力发电由于受到场地和气候的约束，目前一般集中建设在风力较强的区域，在工业园区中的应用不多。

水力发电的基本原理是利用水位之间的差值，配合水轮发电机，储存势能产生电力，也就是将电能储存为水的势能，在需要时再将势能转换为水轮的机械能，以机械能推动发电机，输出电能。

除了人们关注的太阳能、风能、水力发电以外，生活中用到较多的还是热能发电。其中人们熟知的就是燃煤发电，即为朗肯循环。此外还包括有机朗肯循环、Kalina 循环等。朗肯循环采用水为工质，一般应用于余热温度高于 300℃ 的温度区间。朗肯循环在"工程热力学"课程中学习过，包括了水泵的压缩、锅炉的加热、过热器过热、膨胀做功以及冷凝过程。有机朗肯循环采用有机工质，因为蒸发温度低，所以驱动热源的温区一般在 80～150℃，研究多集中在工质的选型、部件的设计优化以及实时工况控制方面。有机朗肯循环工作过程与朗肯循环相类似。Kalina 循环是一种氨水混合工质的低温发电循环，其循环具有多种形式，根据适用温区的不同，可以通过地热源、工厂废热、太阳能热源进行发电。Kalina 循环的驱动热源的温区一般介于朗肯循环和有机朗肯循环之间，由于采用氨和水的混合工质，所以循环相对于朗肯循环以及有机朗肯循环更为复杂。

2. 制冷与热泵技术

目前人们比较熟悉的制冷与热泵是压缩式制冷（热泵）系统，也就是"工程热力学"课程中曾经学习过的蒸汽压缩式制冷与热泵循环。它主要由压缩机，冷凝器，膨胀阀和蒸发器组成。制冷剂在较低的蒸发温度下蒸发，蒸发潜热制冷，所蒸发的蒸汽进入到压缩机，并被压缩到冷凝压力，然后在冷凝器中等压冷却并冷凝成液体，制冷剂冷却和冷凝时放出的热量传给冷却介质（通常是水或空气），冷凝后的液体通过膨胀阀或其他节流组件进入蒸发器。

随着人们对环保节能的关注，太阳能驱动的制冷技术、余热驱动的制冷技术，越来越得到了人们的重视。

太阳能驱动的制冷技术一般分为两类，一类是太阳能光伏发电，然后电力再驱动压缩式制冷；另外一类是采用太阳能收集热量，然后热量再驱动制冷，所采用的技术和工业园区的余热发电技术相类似，也就是吸收式制冷和吸附式制冷技术，以及热声制冷技术。吸收式制冷主要使用溴化锂—水、氨—水作为工质对，根据热源温区选用不同的工质对，该类技术已经非常成熟。吸附式制冷与吸收式制冷类似，不同点在于发生过程为固—气反应。根据吸附质与吸附剂表面分子间结合力的性质，可将吸附反应分为物理吸附和化学吸附，其中化学吸附存在吸附剂膨胀、结块、烧结问题，因而会出现性能衰减，目前应用较多的是复合吸附，也就是采用多孔介质解决化学吸附的性能衰减问题。热声技术是一种可实现热能和声能相互转换的外燃式热力机械，具有高可靠性和环境友好性的突出特点，高可靠性源于系统中没有机械运动部件，环境友好则是因为其工作介质通常是惰性气体或氮气等环境友好气体，热声热机包括热声发动机和热声制冷机，通过耦合热声发动机和热声制冷机构建热驱动的热泵或制冷系统，可以实现较好的节能环保效果。除此之外，还有余热驱动的喷射式制冷系统，相对其他技术，该系统效率更低，但是稳定性更好。热电制冷技术，特点是无运动部件、易集成封装，目前已成为传统蒸气压缩制冷技术的补充，在酒柜、红外探测器、遥感等对小型制冷或零振动有需求的场景得到了应用。

余热热泵技术可以主要分为第一类热泵和第二类热泵。前者是增热型热泵，利用少量高温热源为驱动热源，将低温热源的热能提高到中温；后者是升温型热泵，利用大量的中温热源产生少量高温热源，提高热源的利用品位。余热吸附式和吸收式热泵的工作原理与制冷系统类似，但是热源温度区间和运行工况不同。

电能转化除了制冷以外，经常也会用于供暖。除了上述的压缩式制冷、热泵以外，还有电能直接转化为热能，即电加热过程的应用，包括电暖气、电热水器等。

3. 储能系统

除了能量转换系统以外，储能系统是电力系统、能源结构重组优化过程中的重要方向。根据储能方式可以分为抽水储能、压缩空气储能、飞轮储能以及化学储能、燃料储能等。其中，抽水储能的研究方向主要是变速抽水储能机组。压缩空气储能方式的主要发展方向是新型系统的开发。飞轮储能的研究重点在于轴承的研发以及转子的材质与设计。化学储能则以不同形式的电池为主，如锂离子电池、钠硫电池、铅酸电池、液流电池、液态金属电池和超级电容器等，其研究方向主要是安全性、寿命以及经济性的优化。燃料储存可以实现时间与空间上能量的转移与适时适度释放，其中氢燃料和氨燃料作为绿色环保的燃料，其储存与利用得到学者们的广泛重视。

1.3 综合能源系统举例

综合能源系统具体以图 1-2 为例，这是一个冷热电联供系统。该系统看起来虽然非常复杂，但是只要将主要部件找出来，就可以确定工作过程。

彩图 1-2

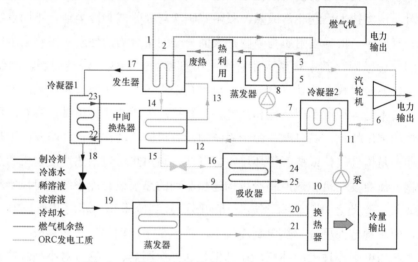

图 1-2 冷热电联供系统（CCHP）

数字资源
1.3.1 课堂视频：
综合循环的热力
过程简化分析

综合能源系统的制冷循环为 17-18-19-9-10-11-12-13-17，其中也包括 14-15-16 浓溶液（吸收式制冷以溴化锂的浓度定义溶液，因此发生器流出的溶液为浓溶液）回流过程，具体为：燃气机中的余热进入到发生器，对工质进行加热（1-2），然后发生器的工质进入到冷凝器 1 中冷凝（17-18）。冷凝后的工质经过阀门（18-19）进入到蒸发器，然后被吸收器中的吸收剂吸收（19-9-10），然后经过泵（10-11）进入到冷凝器 2，并从冷凝器 2 吸收燃气轮机废热的热量（11-12），然后流入到中间换热器再次预热（12-13），经过中间换热器进入到发生器（13-发生器）。发生器中的工质蒸发，使得吸收剂成为浓溶液，高温的浓溶液通过中间换热器以及阀门进入到吸收器（14-15-16），其中的热量被另外一路流体（也就是吸收后的稀溶液）吸收（12-13）。蒸发器的冷量通过换热器输出冷量（20-21）。冷凝器 1 依靠外界的冷源来冷却，回路为 22-23。吸收器也同样被外界的冷源冷却，回路为 24-25。

综合能源系统的发电循环为 7-8-5-6-7，通过冷凝器 2 与制冷循环相连接，其中冷凝器 2 依靠制冷循环中稀溶液的回路（11-12）来冷却。发电所使用的工质为有机工质，该工质经过泵进入到蒸发器（7-8-5）。然后在蒸发器中被燃气机的热量所加热（3-4），工质蒸发后在汽轮机中膨胀做功（5-6），然后进入冷凝器 2 冷凝（6-7）。

综合能源系统的供热：主要依靠出口 4 的热量再利用，实现能量输出。

也就是说这个冷热电联供系统是由一个燃气机的余热来驱动的，热量先进入到一个吸收式制冷的蒸汽发生器，然后进入到 ORC 系统的蒸发器。吸收式制冷产生的冷量用于冷量输出，ORC 发电系统所产生的功由汽轮机输出，出口 4 的热量还可以再利用。采用这种方式，可以有效利用低品位废热，起到节能减排的效果。

图 1-2 的综合能源系统看起来非常复杂，但是在热力系统分析中，可以将分析的对象从周围物体中分割出来，研究这个对象与周围物体之间的能量和物质的传递，这也就是热力系统的分析准则。可以说，简化综合能源系统，并实现有效的能量传递和物质传递的分析，是有效实现综合能源系统热力分析的重要一环。在简化过程中，一般采用黑箱原则，也就是将复杂的部件封装在黑箱中，只找到能量与物质的传递，从中寻找优化的方向与规律。

例 1-1 综合能源系统利用燃气发电机的余热来驱动，输出冷量可以用于厂房冷却，输出热量用于制热水，输出功用于发电，具体系统如图 1-2 所示。试绘制该综合循环的热力系统黑箱图，并分析能量交换与质量交换。

解 热力系统的划分，可以将复杂的问题抽象成简单的黑箱，此时不考虑系统内部的具体部件以及结构，只需要了解跨越边界所传递的能量与质量。根据例题所给出的条件，分析方法有两种。

（1）分析方法 1。

分析过程中不考虑跨越边界的冷却水、输送到房间冷量的工质、燃气机换热到整个循环的工质，只是热驱动燃气轮机做功、余热驱动的发电循环与制冷循环。此时为闭口系，也就是没有质量跨越边界，与外界的质量交换为 0。

能量交换如图 1-3 所示。该系统能量输入和以往分析的系统的能量输入相类似，包括热量输入和功输入。热量输入为燃气机中燃料燃烧的热量，功输入主要是泵的耗功、燃气机中压气机耗功以及电磁阀等耗功。与以往热力系统分析不同的是：能量的输出，除了功的输出以外，有热量、冷量和废热的输出，也就是 4

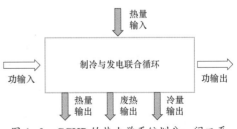

图 1-3 CCHP 的热力学系统划分：闭口系

点输出的热量，可以再次利用，用于加热热水，20-21 管路循环输出的冷量，用于房间的空调，以及在冷凝器 1（22-23）、吸收器（24-25）排出的废热。也就是说，这个系统中，排出去的热量不再全部是无用的废热，部分热量被利用了起来，成为了"收益"。

（2）分析方法2。

分析过程中考虑整个循环，以及跨越边界的冷却水、输送到房间冷量的工质、燃气机中燃烧换热的工质、废热排出的工质，不考虑燃气机直接输出的功。系统图如图1-4所示。

图1-4 CCHP的热力学系统划分：开口系

此时则变成了开口系，跨越系统边界开始有质量交换。此时跨越系统的功的交换与图1-3相类似，但是不再有热量交换。加热过程则转变为加热流体（质量流量为 q_{m1}）与系统交换的能量，其中 e 代表所有的能量总和，包括重力势能、动能以及焓。这里需要注意开口系需要用焓代表能量，因为其中需要考虑流动功。对于这种加热工况，经常需要忽略动能以及势能，则加热过程的能量仅仅保留焓变。同样热量输出为质量流量 q_{m2} 的流体所具有的能量，废热的输出一个流路为燃气轮机余热流出的废热，也就是为质量流量 q_{m3} 的流体所具有的能量，另外需要考虑的是冷凝器1和吸收器与环境流体的换热，这里统一用 $\sum q_{m5}$ 来进行计算。制冷则为质量流量 q_{m4} 的流体所输出的能量。

例1-2 例题1-1中还有一部分能量是通过冷凝器2（11-12）的回路输出的，为什么没有在进行黑箱分析时加以考虑？试分析这部分的能量如何影响系统的性能。

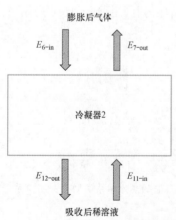

图1-5 冷凝器2的热力系黑箱

解 分析对应冷凝器2的11-12回路，可以发现这部分管路的工质为吸收式制冷的工质，该工质吸收了冷凝器的热量后，又进入到了回热器。例1-1在分析过程中，因为吸收式制冷的工质都是在所采用的黑箱热力系之内，没有跨越边界，所以没有加以考虑。

为了分析11-12回路对系统性能的影响，针对冷凝器2绘制热力系黑箱图如图1-5所示。

通过图1-5可以看出，膨胀后的高温气体进入到冷凝器，在从6点向7点（图1-2）的流动过程中，为系统输入了能量，而吸收后的稀溶液，在从11-12（图1-2）流动的过程中，从系统吸收能量。具体来说，就是12点的流体通过加热，温度上升，这会减少系统从发生器吸收的热量，按照热力学第一定律，系统输出的总能不变化，但是系统付出的代价，也就是能量的输入因为这个回热过程，会有效减少，所以会提高燃气机余热的能量利用效率，也就是会提升系统的性能。

1.4　储能技术在综合能源系统中的应用

将储能技术与综合能源系统相结合，是本教材需要学习的主要内容。还是以图 1-2 的系统为例。系统输出了制冷量、热量和电量，基本上所有常用的能量都涉及了。但是能量输出的时间与能量使用的时间未必相匹配。

数字资源

1.4.1 课堂视频：储能与综合能源系统相结合的黑箱图分析

储能技术是采用介质将能量储存起来，在合适的时间和地点再加以利用。以热量的储存为例，目前热量主要是以显热、潜热的形式，或者显热与潜热两者兼有的形式储存。近年来大量可再生能源的利用导致了较多弃风、弃电的问题，因此将无法消纳的电力转化为热能进行储存，然后在需要的时候利用热功转换循环转换为电能，这类技术目前有较多学者在研究，为储热技术的发展提供了机遇。同时大量的工业与可再生能源的余热也需要储存，这使得储热方向越来越得到了人们的关注。

储电和储热相类似，可以将能量跨时空在合适的时间转移到需要的地方，对于节能减排具有重要的作用。在储能系统与综合能源系统相结合方面，需要考虑能量输出的形式、采用的储能技术形式以及能量释放时的需求，同时需要从收益和代价的角度，考虑如何能够将系统的能量效率最大化。

例 1-3　某国际会展中心，采用了一台 10MW 的燃气动力装置供能，可以产出 10MW 的电量，试结合储能，采用黑箱热力系分析方法，分析如何为该燃气动力装置设计可以实现节能减排的能量利用方案。

解　节能减排最重要的就是实现能量的最大化。前面学习了燃气轮机余热驱动的冷热电联供系统，这说明采用气体动力循环，除了本身可以发电以外，还可以将余热利用起来，进行冷热电联供，从而起到节能的作用。这里需要指出一点，燃气动力装置包括燃气轮机装置，也包括采用活塞式膨胀机的燃气动力装置，具体来说，膨胀机不同，系统的工作性能会有所不同，但是其循环都是气体动力循环。针对本例题，所绘制的热力循环黑箱图如图 1-6 所示。需要指出的是，这个图并不是具有固定形式的，可以根据选取的系统不同而不同，图 1-6 的系统选取为两个系统。燃气机，

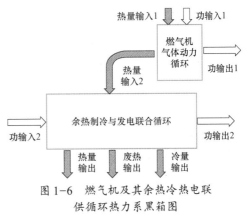

图 1-6　燃气机及其余热冷热电联供循环热力系黑箱图

也就是气体动力循环。在这个循环中，热量输入 1 为燃气燃烧的热量，功输入 1 为压缩机耗功，功输出 1 为发电量。热量输入 2 则为燃气机排放的余热，在传统的动力循环中，这部分热量是排放到大气中的，但是在设计节能减排方案中，构造余热驱动的冷热电联供循环，可以将这部分原本为废热排放的热量利用起来，形成了余热驱动的冷热电联供系统的输入热量。此时输出的能量包括了三个部分，一是采用余热驱动的发电循环，例如 Kalina 或者有机朗肯发电循环，可以再获得一部分的功，二是采用余热驱动的制冷循环，可以再输出一部分的冷量，三是废热可以利用起来，形成有用的热量输出，实现节能。

值得注意的是，图 1-6 并不一定实现有效的节能，主要原因是整个系统考虑了能量的输出，但是并不一定符合能量的使用场合，也就是所有产出的能量是否得到了有效的消纳。此时需要考虑储能技术，也就是将储能与综合能源系统有效结合，这需要考虑能量产生与使用的时空特征。具体来说，就是需要分析能量的使用场景，然后再确定能量的储存方式与必要性。经过这样的分析过程，则可以实现能量输出端和使用端的匹配，最终实现有效节能减排。

继续分析图 1-6 所示的黑箱系统，燃气机气体动力循环，可以根据电量的输出需求发电，所以在这个能源储存方案中，不需要考虑电量的储存。也就是以电量的输出，来确定燃气机系统的体量，此时电量是完全满足需求的，没有冗余。进一步分析应用场景，由于是在国际会展中心，白天的冷量与热量需求会远远大于夜间的需求。为此可以构造冷量与热量的储存方案，绘制黑箱图，如图 1-7 所示。

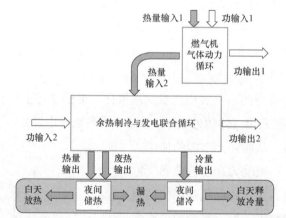

图 1-7　储能结合燃气机及其余热冷热电联供循环热力系黑箱图

通过图 1-7 可以看出，如有适用的储能工质，夜间可以将热量及冷量储存起来，白天的时候释放能量，可以大幅度提高节能减排的效果。这里需要注意两个问题。第一个问题是能量储存的方案不是唯一的，除了图 1-7 所示的储热和储冷以外，还可以在热量输入 2 的地方储热，此时储存的是更为高温的热源；第二个问题是夜间储冷，有一个标准是漏热。虽然冷量是常用的一种表述方式，但是由于冷量也是采用温度和质量来计算而得到的，所以也是按照热量来分析，只是属于温度低于环境温度的热量。

图 1-7 中，无论采用多么好的储热和储冷工质，以及多么完善的保温技术，都会出现热量损失的情况，这种情况直接影响的是储能效率。也就是储存的能量有多少可以释放出来。即

$$\eta = \frac{放出的能量}{储存的能量} = \frac{E_{out}}{E_{in}} \tag{1-1}$$

以上仅以储热和储冷为例，说明如何通过热力系黑箱图的绘制方式，找出可以实现节能的方法。也就是获得储能与综合能源系统相结合的过程中初步的节能策略，但是具体到能够节省的功率以及能量效率提升的幅度等，则需要进一步具体分析与计算。此外储能需要与现实的应用场景相结合，在图 1-7 中，考虑了废热中有可能应用的部分，所以考虑了废热的储存，但是如果现实中废热并没有可以应用的场景，也可以直接排放到大气中。因此储能与综合能源系统的结合，需要根据现实的场景进行灵活设计。

1.5　储能与能源利用系统相结合的分析方法

不同场合的多能源系统接入，根据单元模型的不同，可以分为通用模型和设备单元模型。从物理意义上来看，通用模型主要以能源集线器为代表，设备单元模型在协同规划中实现多能流的耦合与转换。综合能源系统与储能领域的研究，最为关注的是多能流的耦合与转换。多能源接入类型可以分为太阳能、天然气、风能、电能以及余热热能，其中电能的研究已经很成熟。以太阳能、风能、天然气为主的多能源系统接入进行分析，其实施方案可以有多种。

数字资源
1.5.1 课堂视频：能源的灵活利用与储存

1. 不同能源接入综合能源系统简介

不同的能源来源、输出种类多，范围广，在此仅以太阳能、风能、天然气这些低碳的能源接入加以举例说明。

在太阳能接入方面，目前提出较多的是将太阳能电厂和传统朗肯蒸汽循环结合发电的方式，接入能源系统。具体来说，需要对太阳能电厂进行分析，包括时域特性、工况特性分析，然后通过优势互补原则，将太阳能电厂与传统的蒸汽发电循环进行综合分析。在这方面需要注意的是整体机组的稳定性，尤其是太阳能发电是间歇性且随着气候条件具有巨大波动的，因此采用储电的方式到系统中，是比较好的可以实现电量平稳输出的一类技术。

在风能接入方面，有学者提出了基于氢能与风能耦合发电系统，是在基本燃气—蒸汽联合循环的基础上的一种储能方式，就是以储氢作为蓄能方式，与风力发电系统相耦合，形成互补式发电系统，主要还是保证电量输出的稳定性。

在天然气接入方面，主要是使用天然气冷热电联产技术，将天然气作为一种补充能源形式接入能源转换元件中，目前所构造的循环包括了基于燃气—蒸汽联合循环的天然气冷热电联产循环。也就是燃气发电以后，由于燃气排放的废热温度比较高，再驱动一级蒸汽动力循环，这一级循环采用水为工质，实现发电。此类技术的进一步节能可以考虑再加入温度更低的余热发电系统，例如 Kalina 循环系统和有机朗肯循环发电系统，从而实现更为高效的能量输出。

2. 储能与综合能源系统结合的分析方法

在分析储能与综合能源系统相结合的方案过程中，需要考虑应用场景的能源方案。以工业园区为例，工业园区所需要的电量可以来自朗肯循环，也就是热电厂的输电供应，同时可以接入太阳能光伏发电。其中太阳能光伏发电由于具有波动性，一般需要结合储电技术，再接入工业园区的内网。除了电量的储存以外，还有大量的余热。以钢厂为例，较高温度段（>300℃）的余热往往体量较大，需要根据余热参数与需求条件定制具体储能方案。但是储能不是终极目标，终极目标还是用能。采用何种技术可以将能量利用起来，同时在合适的地方、合适的时间释放出来，这是储能研究中一定要考虑的问题。还是以 300℃ 以上的余热为例，假设现场有大量的电量需求，并希望能源可以转换为电能并接入到工业园区的内网中，可以有两种方案进行能量利用，一种方案是先储热，然后在有电量需求的时候，释放热量，再进行发电，如图 1-8（a）所示，热量通过高温相变材料储存，然后释放到朗肯循环发电并供电，这样可以实现释放能量端和需求能量端在时间上的优化匹配。另外一种方案如图 1-8（b）所示，热量通过朗肯循环发电，然后输出的电量经过储电系统进行储存，在需求电量的时候再释放出来，这样也可以实现能量在时间上的转移。比较两种方案的优劣，可以采用"工程热力学"课程中的热力学第一定律和第二定律进行能量、㶲分析，并结合技术成熟度、经济性分析以及系统复杂性，进行综合的评判。

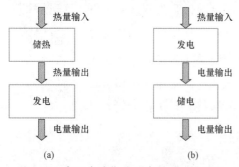

图 1-8　高温余热能量储存与释放的方案
(a) 先储热后发电；(b) 先发电后储电

相对于高温段废热，低温段废热有总体量大、分散性强、时间稳定性弱等特点。一般需要进行最优的换热器网络优化，保证不同温度段的余热能够得到充分应用。另外还可以基于多种热力循环的综合优化，将低温热源通过不同温度段的分配，进行梯级利用或者多股流分流利用，一般在能源转换过程中换热器温差较小时，所对应的热力学损失相对较小。例如对于大规模多股流换热器网络，可以基于虚拟温焓图得到初始网络，在此基础上提出用于子网络划分及对划分方式优化的合并向量，使用改进后的超结构法和启发式策略对子网络的综合过程进行优化。

之所以在这里提到多股流的热能利用，主要原因在于㶲的分析，热能的品位不同，㶲值就不同，因此如果可以根据热能利用需求，按照温度将热能进行细化的多股流进入到能量需求端，则可以有效地提升系统的㶲效率。这个利用类似于能量的梯级利用。以工厂排放的 200℃的余热利用为例，针对冷热电全部有需求的园区，可以设计梯级能量利用循环，如图 1-9 所示，热量先进入到 ORC 发电系统，然后排放的热量由于温度较高，为 120~150℃左右，所以进入到余热制冷系统输出冷量，排放的低于 80℃的热量进入到余热再利用系统进行余热回收，最后 40~50℃的余热排放到环境中。采用这样的梯级利用系统，可以大幅度提高能量的利用效率，也就是将 200℃排放的热量，温度降低到了 40~50℃。

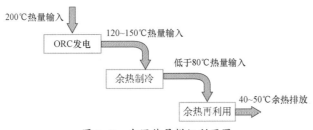

图 1-9 中温热量梯级利用图

如果现场只需要电量输入，不需要其他能量的输入，一般来说，不会将 120~150℃的热量直接排放，而是经过再次加热后回到热量输入的流程中，或者直接用于系统的预热，如图 1-10 所示。因此在实际应用综合能源系统与储能相关知识时，需要注意节能方案不是唯一的，需要根据现场情况进行灵活设计。

图 1-10 给出了两个流程，首先由于 ORC 发电工质的温度最低可以达到 80~100℃，考虑到 20℃换热温差。图 1-10（a）所给出的是余热再热后发电流程，从 ORC 发电系统排出的热量温度在 100~120℃，这个热量需要通过换热器加热，加热的热源温度为工业园区已有的余热温度，也就是 200℃，然后换热工质被加热到 150~200℃，进入到 ORC 发电系统中。图 1-10（b）所给出的 ORC 工质预热流程，这里只分析能量流，可以看到工业园区所具有的 200℃的热量进入到 ORC 发电系统，100~120℃的热量进入了 ORC 工质的预热部件，也就是这部分余热利用的方式是对 ORC 工质进行预热。ORC 工质的加热过程，与朗肯循环相类似，都是从接近环境温度加热到蒸发温度，因此可以在工质进入到锅炉之前，采用热量进行预热。然后 80℃的余热排放到环境中。这两种方式的选择，取决于现场的质量流，例如 200℃的热源为热空气，可以在流程中反复

循环，并持续提供热量，则可以采用图 1-10（a）中的方案，但是如果排放的是废蒸汽，这些蒸汽一定要排放到环境中，而不是在系统中反复循环，则需要采用如图 1-10（b）的方案。

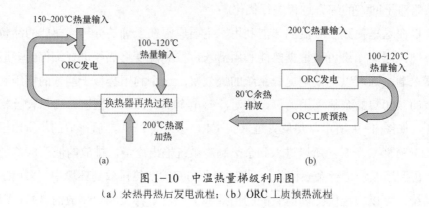

图 1-10　中温热量梯级利用图
（a）余热再热后发电流程；（b）ORC 工质换热流程

储能与综合能源系统的结合，最为重要的是需要了解综合能源系统的布置以及是否已经达到了主要能量的最优化输出。这是储能与单一能源系统相结合最为不同的地方。储能与单一的能源系统相结合，只需要考虑单一能量的冗余量、可用技术，再推算可用技术的系统设计方法。而综合能源系统，涉及多种能源，所以相对来说，分析会相对复杂很多，涉及不同的地理位置、不同的工业园区之间热量相互耦合等多类工况，实现多因素条件下能源的综合利用，是实现能源高效回收与转换的关键。

还是以冷热电联供系统（CCHP）为例，考虑储能与综合能源系统的结合，首先需要实现能源系统本身的能源优化管理。相关技术包括使用模拟仿真方法，采用以电定热的方式确定生产负载，也就是先确定需求的电量有多大，再计算可以产生的余热有多少，然后再计算可以生产的冷热电的量，根据现场应用条件，再确定有多少热量以及冷量、哪个温区的热量和冷量需要储存起来，从而得到最小的能源运行成本。在这里之所以只提到储热和储冷，是因为如果采用燃气机来发电，电量输出可以根据现场需求来确定，不会产生冗余的电量，所以不需要考虑储电。这和风力发电以及太阳能发电不同，风力发电与太阳能发电的过程不可控，因此可能会生产输出冗余的电量，为此需要考虑储电。

例 1-4　某工厂采用余热的 CCHP 循环进行冷热电联供，试阐述如何得到合理的储能方案。

解　合理的储能方案构造，首先需要有合理的能量输出。也就是在现有的条件下，以某一个能量输出为主，分析必需的能量，然后以这个能量来确定储能方案。具体如下：

（1）计算主要能源需求的平均值和峰值，可以使用平均、不确定度和历史峰值作为评价指标来确定能源需求。

（2）确定其他能源输出的量，可以使用的量，以及所对应的能源效率、经济成本。

（3）确定储能技术，以及储能过程中的能量损失，并得到储能效率。

（4）计算储能与综合能源系统结合后节能的量，并采用不同路径进行储能，得到节能性能的最优化方案。

思 考 题 与 习 题

1-1　绘制图 1-2 冷热电联供系统中的中间换热器的黑箱热力系图，并分析该部件对系统性能的影响。

1-2　办公室制冷系统采用电力驱动，为压缩式制冷。试通过绘图分析压缩式制冷系统的能量与质量传递，并分析是否有可能结合储能技术，提高办公室压缩式制冷系统的经济性。

1-3　图 1-6 燃气机及其余热冷热电联供循环热力分析中，绘制了两个黑箱模块，也就是燃气机气体动力循环以及余热制冷与发电联合循环。试采用多个黑箱模块，详细分析各个系统的能量传递形式及系统之间的相互关联。

1-4　图 1-7 储能结合燃气机及其余热冷热电联供循环热力系黑箱图中，采用了在输出端储热与储冷的方式来储能。试绘图分析，在热量输入 2 处储能进行余热冷热电联供的方案，并与图 1-7 的方案进行对比，仍然以国际会展中心的应用为例，分析哪一个方案有更好的节能效果？

1-5　针对 300℃的余热利用，采用绘制黑箱图的方式，给出三种用能和储能的方案，并给出不同方案的三种可能应用场合。

1-6　某储热系统，可以储存 150℃的热量，相变材料的相变潜热为 220kJ/kg，重量为 650kg。虽然系统进行了非常严格的保温，但是还存在漏热现象，绝热材料的导热系数为 0.03W/（m·K），环境温度假设为 30℃，储罐的换热面积为 5m²，忽略接触热阻以及显热损失，试计算储能效率。

1-7　试说明采用储能系统与太阳能发电与风能发电技术相结合的重要性。

1-8　试分析图 1-8 两种方案，在不考虑现场质量流的条件下，假设两种方案在工业园区都可以采用，哪种方案的能量效率更高？

1-9　综合能源系统所涉及的能量种类多，相应可以选择的技术也相对比较多。仅以制冷为例，除了常规的压缩式制冷，还有吸收式制冷、吸附式制冷技术，试说明选择相应能源转换技术时需要考虑的限制条件。

1-10　某工业园区有一 400℃的热源，可以采用朗肯循环发电后储电，也可以采用高温相变材料进行储热，相变温度为 300℃。假设环境温度为 30℃，在不考虑储电与储热损失的条件下，试分别计算两种储能过程的理想㶲效率，并分别说明两种储能方案的优势和劣势（朗肯循环过热度、换热温差等可以根据学习过的工程热力学知识自行选取）。

1-11 某工业园区，在厂房屋顶建设 3 个分布式光伏电站，分别独立建设于公司三个厂区屋顶，总装机容量为 13.5MW（标准阳光下的太阳能电池输出功率）。工业园区总的用电量平均为 132MW，所需要的制冷量为白天 62MW，夜间 35MW，所排放的废热为 146MW，温度为 150℃。太阳能光伏发电白天的光照时间按照 8h 计算，请分析白天和夜间综合能源系统的能量流，并简述可以实现进一步节能的有效方案。

第 2 章

物 理 储 能 技 术

物理储能将能源以物理形式存储起来，通过改变某种物理性质（如位置、压力、温度、速度等）来存储能源，并在需要时释放。物理储能可以在多种应用中发挥作用，例如平衡能源供需之间的差异，提高能源利用效率，以及在能源系统中提供备用电力。

物理储能的主要实现方式包括物理储电和物理储热两大类，应用于平衡能源供需、提高能源利用效率和提供备用电力。物理储能具有规模大、成本低、寿命长、环保等特点，展现出广阔的应用前景和巨大发展潜力。物理储能技术分类如图 2-1 所示。

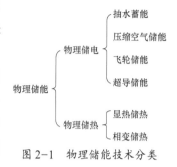

图 2-1　物理储能技术分类

2.1　抽 水 蓄 能 技 术

抽水蓄能技术（Pumped Hydro Energy Storage, PHES）通过利用水的液体性质和地势高低差，实现能量的储存与转换。该技术起源于 19 世纪末，欧洲的工业化进程中对电力的需求增加，依赖于自然水流的传统水力发电技术无法满足大规模工业化的需求，催生了抽水蓄能技术。其主要功能是储存大量电能，并在需求高峰时释放以供应电力。随着风能和太阳能等可再生能源的发展，该技术因其在应对能源输入与输出不稳定性方面的优势而日益受到重视，成为解决能源储存问题的关键手段。

数字资源
2.1.1 拓展阅读：抽水蓄能技术、成本、环境影响和机遇

1. 抽水蓄能技术原理

抽水蓄能电站的工作原理示意如图 2-2 所示。抽水蓄能电站由上水库，下水库和输水系统构成，其工作原理是通过将水从下水库泵送到上层水库来储存和生产电力。它利用电力负荷较低时的多余电能将水从下水库泵送至上水库，将电能转化为重力势能储存，以备后续发电使用；当电力需求高时，水从上水库流向下水库，激活涡轮机发电，为系统提供高峰电力。抽水蓄能储存的能量与两个水库之间的高度差和储存的水量成正比，且泵送和发电之间的切换可以控制在几分钟内。抽水蓄能电站比较重要的参数为水

17

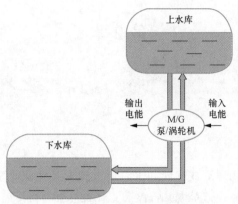

图 2-2　抽水蓄能电站的工作原理示意图

头特性，主要用以描述该电站的水头值和蓄水量之间的变化规律，在抽水蓄能电站完成抽水和发电状态的过程中，水头值和蓄水位将在一定的范围内变化。

电站的最大和最小水头分别为

$$H_{\max} = Z_{\mathrm{UN}} - Z_{\mathrm{LD}} \tag{2-1}$$

$$H_{\min} = Z_{\mathrm{UD}} - Z_{\mathrm{LN}} \tag{2-2}$$

式中：Z_{UN} 和 Z_{LN} 分别为上水库和下水库的正常蓄水位；Z_{UD} 和 Z_{LD} 分别为上水库和下水库的死水位。

抽水蓄能电站的主要任务是调峰，因而系统能容纳的调峰容量或发电量是决定上、下水库容积的主要依据。蓄能库容 V_{s}（m^3）可以按照下式估算

$$V_{\mathrm{s}} = 3600 h q_v K = 3600 h \frac{N}{9.81 \eta_{\mathrm{T}} \overline{H}} K = 367 \frac{E_{\mathrm{T}}}{\eta_{\mathrm{T}} \overline{H}} K \tag{2-3}$$

式中：h 为日发电小时数（h），一般应转化为秒（s）进行计算；q_v 为发电流量（m^3/s）；$\overline{H}$ 为发电平均水头（m）；N 为调峰容量（kW）；E_{T} 为发电量（kWh）；η_{T} 为发电工况的运行效率（%）；K 为损失系数，由水库表面蒸发、水库渗漏和事故库容等因素决定，数值不小于 1。

在一次完整的放水发电调峰运行过程中，发电量 E_{T}（kWh）可按下式计算

$$E_{\mathrm{T}} = \frac{V_{\mathrm{s}} \overline{H} \eta_{\mathrm{T}}}{367 K} \tag{2-4}$$

用电量 E_{p} 可按下式计算

$$E_{\mathrm{p}} = \frac{V_{\mathrm{s}} \overline{H}}{367 K \eta_{\mathrm{p}}} \tag{2-5}$$

2. 抽水储能效率及应用

抽水蓄能电站在能量转换过程中存在能量损失。抽水蓄能电站的综合效率 η（即抽水用电与放水发电的电量转换效率）是衡量抽水蓄能电站调峰循环过程中电量转换效率

的一个重要指标。

抽水蓄能电站的综合效率等于发电工况运行效率与抽水工况运行效率的乘积。根据抽水蓄能电站在抽水工况和发电工况中各主要工作部件的实施情况，可计算出抽水蓄能电站的综合效率，具体为

$$\eta = \frac{E_T}{E_p} = \eta_T \eta_p \tag{2-6}$$

$$\eta_T = \eta_1 \eta_2 \eta_3 \eta_4 \tag{2-7}$$

$$\eta_p = \eta_5 \eta_6 \eta_7 \eta_8 \tag{2-8}$$

式中：η_T 为发电工况运行效率；η_p 为抽水工况运行效率；E_T、E_p 为电站在完成抽水发电过程中的发电量和用电量；η_1、η_2、η_3、η_4 为发电工况下抽水蓄能电站的输水系统、水轮机、发电机和主要变压器的运行效率；η_5、η_6、η_7、η_8 为抽水工况下抽水蓄能电站的主变压器、电动机、水泵和输水系统的运行效率。

抽水蓄能通过能量转换可有效缩减系统峰谷差，将系统价值低的低峰电能转化为价值高而亟需的高峰电能。抽水蓄能的优点包括四个方面：①抽水蓄能技术发展历史悠久，技术成熟度高，已经在世界各国广泛应用；②抽水蓄能电站坝体使用寿命可长达100 年，机械及电机设备的一般使用寿命达到 50 年以上，其循环寿命仅受到相关设备机械性能的限制，循环可达万次以上；③抽水蓄能的能量转换效率高，可达 70%～80%；④抽水蓄能装机容量大（可达 1GW 以上），持续放电时间长，一般为 6～12h。然而，抽水蓄能技术最为显著的缺点是电站对选址的地质、地形条件和水环境均具有较高要求，在实际建设中可选站址的资源有限。此外，即使在适宜的地理环境中，其施工工程量大，建设周期往往长达 3～5 年。目前，抽水蓄能电站的建设成本为 700～900 美元/kW。在抽水蓄能电站的总投资中，施工费用、设备费用、辅助材料费用、环保费用等枢纽工程建设费占比往往达到 60%以上。

抽水蓄能技术相对成熟，其未来发展相对受限，成本很难继续缩减。在具备一定的地质、地理条件下，将已有的水库或水电站联合开发抽水蓄能电站是一种较为可行的发展方向。具体而言，抽水蓄能的发展方向主要向高水头、高转速、大容量的方向发展。

例 2-1　某抽水蓄能电站的蓄能库容为 $2.3 \times 10^{10} m^3$，按最大的容量进行削峰填谷。在抽水工况下，变压器、电动机、水泵和输水系统的运行效率分别为 99%、97%、92%和98%；在发电工况下，输水系统、水轮机、发电机和变压器的运行效率分别为 97%、90%、97%和 99%；水库表面蒸发、水库渗漏和事故库容等因素引起的损失系数为1.2；发电运行时间 5h。假定运行时段的平均水头为 600m。试求：

（1）抽水蓄能电站的抽水工况运行效率、发电工况运行效率、和综合效率。

（2）发电运行状态下的调峰容量（功率）和发电量（能量）。

解　（1）抽水工况下的运行效率为

$$\eta_{\mathrm{T}} = 0.99 \times 0.97 \times 0.92 \times 0.98 \times 100\% = 86.6\%$$

发电工况运行效率为

$$\eta_{\mathrm{p}} = 0.97 \times 0.90 \times 0.97 \times 0.99 \times 100\% = 83.8\%$$

综合效率为

$$\eta = \eta_{\mathrm{T}}\eta_{\mathrm{p}} = 0.866 \times 0.838 \times 100\% = 72.6\%$$

（2）调峰容量为

$$N = \frac{9.81\eta_{\mathrm{T}}\bar{H}}{3600hK}V_{\mathrm{s}} = \frac{9.81 \times 0.866 \times 600}{3600 \times 5 \times 1.2} \times 2.3 \times 10^{10} = 5.43 \times 10^{9}(\mathrm{kW})$$

发电量为

$$E_{\mathrm{T}} = \frac{\eta_{\mathrm{T}}\bar{H}}{367K}V_{\mathrm{s}} = \frac{0.866 \times 600}{367 \times 1.2} \times 2.3 \times 10^{10} = 2.71 \times 10^{10}(\mathrm{kWh})$$

2.2 压缩空气储能技术

数字资源

2.2.1 拓展阅读：压缩空气储能产业规模及现状

2.2.2 拓展阅读：压缩空气储能技术研究现状及发展趋势

2.2.3 示范案例：压缩空气储能系统工程案例

2.2.4 实验：气体状态特性测量（PVT）实验

2.2.5 实验：地质储能可视化实验

压缩空气储能（Compressed-air Energy Storage, CAES）技术是一种将电能用于压缩空气，并在电网负荷高峰期释放压缩空气推动膨胀机发电的储能技术。高压空气可以存储于多种介质，包括报废矿井、海底储气罐、山洞、油气井或专门新建的储气井中。这些储存介质能够有效承受高压环境，确保压缩空气在需要时能够迅速释放，支持电力系统的稳定运行。斯塔拉瓦尔（Stal Laval）于 1949 年提出的压缩空气储能概念，标志着这一技术的发展起步。1978 年，德国亨托夫建成的首座商业运行的压缩空气储能电站，成为全球该技术应用的先例。随后，在 1991 年，美国阿拉巴马州建立的第二座压缩空气储能电站，进一步推动了该技术的发展和应用。

1. 压缩空气储能原理

压缩空气储能系统主要由压缩机、储气室、空气放电系统和热回收系统部分构成（见图 2-3）。其中压缩机是压缩空气储能系统中的关键组件。当电力供应充足时，压缩机利用电力将空气从大气中抽入，并将其压缩至较高的压力水平。压缩机通常使用电动机驱动，将电能转化为压缩空气的势能；储气室是用于存储被压缩的空气的容器，通常位于地下，由地下腔室或岩石盐穴等形成；空气放电系统包括燃烧室和透平机，当电力需求增加时，储气室中的压缩空气被释放，并通过管道输送到空气放电系统；热回收系统主要用于空气放电过程中，由于压缩空气的压缩过程会产生大量的热量，为了提高能量转换效率，压缩空气储能系统通常会采用热回收系统来收集和利用这些热量。热回收系统可以用于加热进入压缩机的空气，提高系统的热效率，并降低能源浪费。

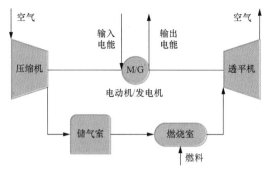

图 2-3　压缩空气储能系统工作原理

　　压缩空气储能的工作过程如图 2-4 所示。压缩过程（1-2）：空气经过压缩机被压缩，形成高压的气体，进入储气室。这个过程的理想工况为绝热压缩过程 1-2，由于实际过程存在不可逆损失，因此熵会增大，实际过程为 1-2′。加热过程（2-3）：高压空气从储气室中释放，此时可以采用燃气进行加热，加热后为高温高压空气。这个过程为等压吸热过程。膨胀过程（3-4）：高温高压的空气进入膨胀机，膨胀并发电。此过程的理想工况为绝热膨胀过程 3-4，同样需要考虑不可逆损失，因此实际过程的表现为 3-4′。冷却过程（4-1）：空气膨胀后，进入到大气中，这个过程为假想的过程，这与工程热力学中的气体动力循环相类似，可以假想为等压冷却过程。实际运行的压缩空气储能系统，为了减少压缩过程的耗功，通常采用多级压缩与级间/级后冷却，这样可以使得压缩过程的温度有效降低，进而降低压缩耗功。同时也可以采用多级膨胀与级间/级后加热的方式提高性能，如图 2-4（b）所示。其中 2′-1′过程为压缩的级间冷却，而 4′-3′过程则代表膨胀过程中级间的加热。

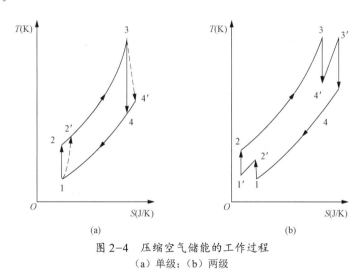

图 2-4　压缩空气储能的工作过程
（a）单级；（b）两级

2. 压缩空气储能效率及应用

　　压缩空气储能系统效率为能量输出与能量输入的比值，计算公式为

$$\eta = \frac{\sum W_{\mathrm{T}}}{\sum W_{\mathrm{C}}} \tag{2-9}$$

$$W_{\mathrm{T}} = q_{m,\,\mathrm{air,\,T}}(h_{\mathrm{air,\,T,\,in}} - h_{\mathrm{air,\,T,\,out}})t_{\mathrm{T}} \tag{2-10}$$

$$W_{\mathrm{C}} = q_{m,\,\mathrm{air,\,C}}(h_{\mathrm{air,\,C,\,out}} - h_{\mathrm{air,\,C,\,in}})t_{\mathrm{C}} \tag{2-11}$$

式中：η 为系统效率；W 为膨胀功或压缩功（J），下标 in 和 out 分别表示入口和出口，T 和 C 分别表示透平机和压缩机；$q_{m,\,\mathrm{air}}$ 为空气质量流量（kg/s），$q_{m,\,\mathrm{air,\,T}} = q_{m,\,\mathrm{air,\,C}}$；$t$ 为一天中压缩或膨胀的时间（s）；h 为焓值（J/kg）。

若将空气看作理想气体，压缩机组内进、出口空气温差和压缩功分别为

$$T_{\mathrm{C,\,out}} - T_{\mathrm{C,\,in}} = T_{\mathrm{C,\,in}}\left(\pi_{\mathrm{C}}^{\frac{K-1}{K}} - 1\right) \tag{2-12}$$

$$W_{\mathrm{C}} = c_{p,\,\mathrm{air}}q_{m,\,\mathrm{air,\,C}}(T_{\mathrm{C,\,out}} - T_{\mathrm{C,\,in}})t_{\mathrm{C}} \tag{2-13}$$

膨胀机组内进、出口空气温差和膨胀功分别为

$$T_{\mathrm{T,\,in}} - T_{\mathrm{T,\,out}} = T_{\mathrm{T,\,in}}\left[1 - \left(\frac{1}{\pi_{\mathrm{T}}}\right)^{\frac{K-1}{K}}\right] \tag{2-14}$$

$$W_{\mathrm{T}} = c_{p,\,\mathrm{air}}q_{m,\,\mathrm{air,\,T}}(T_{\mathrm{T,\,in}} - T_{\mathrm{T,\,out}})t_{\mathrm{T}} \tag{2-15}$$

式中：$T_{\mathrm{C,\,out}}$、$T_{\mathrm{C,\,in}}$ 为压缩机排气、进气温度（K）；$T_{\mathrm{T,\,out}}$、$T_{\mathrm{T,\,in}}$ 为膨胀机排气、进气温度（K）；π_{C}、π_{T} 为压缩比；K 为空气绝热指数；$c_{p,\,\mathrm{air}}$ 为空气定压比热容 [J/(kg·K)]。

压缩空气储能技术的优点在于运行寿命长（一般其使用寿命可达 30 年以上，期间可进行万次以上的充放电循环）、涉网性能良好（不存在相应死区）、安全风险小、技术成熟等。然而，压缩空气储能技术也存在一些缺点：首先是响应速度慢。由于压缩空气储能充放电需要设备压缩或者释放空气推动汽轮机发电，其响应时间受到较大的限制，一般需要数秒。其次转换效率低。由于压缩机、膨胀机、发电机等关键设备均对系统集成效率产生影响，系统的总体转换效率一般为 50%~60%。再次洞穴储气对选址要求高、储罐储气功率规模小。此外利用洞穴储气时，压缩空气储能体系的功率等级可以达到百兆瓦级，但其受制于体积较大的地底洞穴或海底洞穴，而储罐储气的功率等级较低，仅达到兆瓦级。在实际应用中，需要综合考虑其优缺点并加以改进，其研发重点在改进核心器件、优化系统设计、研发新型储气技术设备以及实现设备的规模化和模块化等。

例 2-2 已知某压缩机进口空气的焓值 h_1 为 298.45kJ/kg，流速 c_1 为 55m/s；压缩出口空气焓值 h_2 为 621.8kJ/kg，流速 c_2 为 22m/s；散热损失和势能差可以忽略不计，试求 1kg 空气流经压缩机时压缩机对其做功的量。

解 压缩机的能量方程为

$$q = (h_2 - h_1) + \frac{1}{2}(c_2^2 - c_1^2) + g(z_2 - z_1) - W_{\mathrm{C}}$$

根据题意，有 $q=0$，$g(z_2-z_1)=0$，则压缩机所做功为

$$W_C = (h_2 - h_1) + \frac{1}{2}(c_2^2 - c_1^2) = (621.8 - 298.45) + \frac{1}{2}(22^2 - 55^2) \times 10^{-3} = 322.08 \text{(kJ/kg)}$$

例 2-3　某压缩空气储能系统，压缩机从大气中吸入空气，压缩比为 10，进入膨胀机的气体温度为 700K，压缩时间为膨胀时间的 2 倍。将系统视为稳流系统，将空气视为理想气体。试求该压缩空气储能系统效率。

解　根据题意，$q_{m,\text{ air, T}} = q_{m,\text{ air, C}}$，$\pi_C = \pi_T = 10$，$t_C = 2t_T$。空气的绝热系数 $K=1.4$，大气温度为 298K。则储能效率为

$$\eta = \frac{c_{p,\text{air}} q_{m,\text{ air, T}}(T_{\text{T, in}} - T_{\text{T, out}})t_T}{c_{p,\text{air}} q_{m,\text{ air, C}}(T_{\text{C, out}} - T_{\text{C, in}})t_C} = \frac{T_{\text{T, in}}\left[1 - \left(\dfrac{1}{\pi_T}\right)^{\frac{K-1}{K}}\right]}{T_{\text{C, in}}\left(\pi_C^{\frac{K-1}{K}} - 1\right)} \times \frac{t_T}{t_C} = \frac{700 \times \left[1 - \left(\dfrac{1}{10}\right)^{\frac{1.4-1}{1.4}}\right]}{298 \times \left(10^{\frac{1.4-1}{1.4}} - 1\right)} \times \frac{1}{2} = 0.6083$$

2.3　飞轮储能技术

飞轮储能（Flywheel Energy Storage）是一种利用电动机驱动飞轮高速旋转，并在需求时通过飞轮发电的储能技术。该技术具有高功率密度和长循环寿命的特点，使其在快速响应和高频率的应用场景中表现优异。一百年前，飞轮储能的概念首次被提出，但当时技术水平有限，飞轮储能的发展受到限制，未能实现突破性进展。20 世纪六七十年代，美国宇航局（NASA）格伦（Glenn）研究中心将飞轮储能技术应用于卫星作为蓄能电池，为该技术的发展奠定了基础。20 世纪 90 年代后，随着高强度碳素纤维复合材料、磁悬浮技术、高温超导技术及电力电子技术的突破，飞轮储能技术显著提升。这些技术进展不仅提高了飞轮的性能和安全性，还拓宽了其在各种领域的应用潜力。

数字资源
2.3.1 示范案例：
飞轮储能系统工程案例

1. 飞轮储能技术原理

飞轮储能系统由转子系统（飞轮转子）、轴承系统（磁轴承）和能量转换系统（发电机/电动机）三部分组成，如图 2-5 所示。在充电状态下，电动机拖动飞轮加速，将电能转换为动能并储存；在放电状态时，飞轮减速，电动机转变为发电机，将动能转化为电能释放。此外，在不进行充放电的

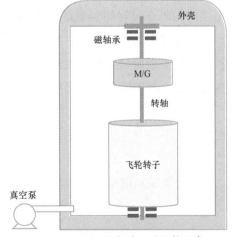

图 2-5　飞轮储能系统的结构组成

情况下，整个飞轮储能装置以最小损耗模式运行，从而提高系统的整体效率和可靠性。

飞轮储存能量的计算公式为

$$E = \frac{1}{2}J\omega^2 \tag{2-16}$$

式中：J 为飞轮转子的转动惯量（kg·m²）；ω 为飞轮转子转速（rad/s）。

飞轮转子的转动惯量为

$$J = \frac{1}{2}mR^2 = \frac{1}{8}mD^2 \tag{2-17}$$

式中：m 为飞轮转子的质量（kg）；R 和 D 分别为飞轮的半径与直径（m）。

飞轮储能系统可释放或者储存的能量 ΔE 为

$$\Delta E = \frac{1}{2}J\omega^2 - \frac{1}{2}J\omega_L^2 \tag{2-18}$$

式中：ω_L 为飞轮储能系统在充放电循环中的最低转速（rad/s）。

2. 飞轮储能能量利用率及应用

飞轮储能系统的能量利用率为系统的最大可利用能量与自身所带的最大能量之比，可以表示为

$$\eta_f = \frac{\Delta E_{max}}{\frac{1}{2}J\omega_H^2} = 1 - \left(\frac{\omega_L}{\omega_H}\right)^2 \tag{2-19}$$

式中：ω_H 为飞轮储能系统在充放电循环中的最高转速（rad/s）。

飞轮储能技术具有以下技术特点：首先是功率密度大，短时间内可输出较大功率，但是持续时间短，通常在分钟级别，是典型的功率型储能技术，适用于提高电能质量、调频等应用前景；其次能量转换效率高，可达 90% 以上；再次使用寿命长，飞轮储能设备可持续使用 25 年左右；此外飞轮储能的空载损耗和自放电率高，整个飞轮系统的自放电率约为每小时存储容量的 20%，因此无法进行长时间储能是飞轮储能技术的主要缺陷。飞轮储能的发展方向主要在于提升其功率密度，其广泛使用的主要限制仍然是由于精密工程需求而导致的高成本。目前，研究重点是改进材料和制造工艺，以实现长期机械稳定性，改进低损耗轴承并降低成本。

例 2-4　假设一个直径为 10m 的飞轮，其质量为 100t，额定最高转速 6000rad/min。通常情况下，额定最高转速为额定最低转速的两倍，试求能量利用率。若飞轮能量转换效率为 95%，该飞轮储能系统最大可输出多少电能？

解　能量利用率为

$$\eta_f = 1 - \left(\frac{\omega_L}{\omega_H}\right)^2 = 1 - \left(\frac{1}{2}\right)^2 = \frac{3}{4} = 75\%$$

飞轮储能系统可释放的最大能量为

$$\Delta E_{max} = \eta_f \times \frac{1}{2} J \omega_H^2 = \eta_f \times \frac{1}{2}\left(\frac{1}{2}mR^2\right)\omega_H^2 = \eta_f \times \frac{1}{16}mD^2\omega_H^2$$

$$= \frac{1}{16} \times 100 \times 10^3 \times 10^2 \times \frac{3}{4} \times \left(\frac{6000 \times 2\pi}{60}\right)^2 = 1.8506 \times 10^{11}(J)$$

可输出的最大电能为

$$W_{max} = \eta \Delta E_{max} = 95\% \times 1.8506 \times 10^{11} = 1.7581 \times 10^{11}(J)$$

2.4　超导储能技术

　　超导储能（Superconducting Magnetic Energy Storage, SMES）的发展历程可以追溯到 20 世纪初。1908 年，荷兰物理学家海克·卡末林格在低温下观察到了超导现象。随后的几十年里，研究人员陆续发现了多种超导材料，并且不断提高了超导材料的工作温度。1973 年，瑞士物理学家康拉德·穆勒提出了高温超导的概念，但直到 1986 年，科学家们才成功地发现了第一个高温超导材料，即以氧化铜—铯氧化铈为超导材料的体系。这一发现引发了对高温超导的广泛研究，并极大地推动了超导储能技术的发展。随着科学技术的不断进步，超导材料的工作温度持续提高，使超导储能技术变得更加实用和可行。

1. 超导储能技术原理

　　超导储能是利用超导材料储存和释放电能，其原理基于超导材料在低温下表现出零电阻和完全磁通排斥的特性。超导材料是在临界温度以下的特定温度下展现超导特性的材料，当超导材料处于超导状态时，电流可以在其内部无阻碍地流动，而无能量损耗。这意味着超导材料可以在不损失能量的情况下存储电流。

　　如图 2-6 所示，超导储能系统主要由低温冷却超导线圈、功率调节系统和制冷系统组成。超导线圈是超导储能系统的核心部件。它由超导材料制成，形成一个闭合的电路。当电流通过超导线圈时，超导材料的零电阻特性将导致电流得以无阻碍地在其中流动，形成稳定的电磁场；制冷系统用于将超导线圈冷却至超导状态所需的低温。超导材料通常在临界温度、临界电池和临界磁场范围内，才能呈现超导特性。制冷系统可以使用液氮或液氦等低温制冷剂来降低超导线圈的温度；能量转换装置用于在需要释放储存的能量时，将超导线圈中的电能转换为有用的电力输出。超导储能系统中能量为超导线圈中循环流动的直流电形式，是目前唯一能够将电能直接储存为电流的储能系统。

　　超导储能系统本质上是一个电感器，它将能量存储在由流过其中的电流产生的磁场中。超导储能系统储存的能量由线圈的自感及其电流决定，或者等效地由整个空间的磁

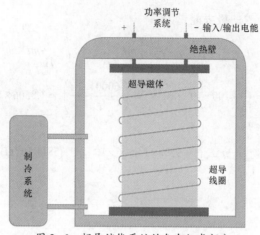

图2-6 超导储能系统的各个组成部分

通密度和磁场积分决定，总存储能量为

$$E = \frac{1}{2}LI^2 = \frac{1}{2}\iiint\limits_{space} BH \, \mathrm{d}x\mathrm{d}y\mathrm{d}z \qquad (2-20)$$

式中：E 为总存储能量（J）；L 为电感（H）；I 为电流（A）；B 为磁感应强度（T）；H 为磁场强度（A/m）。

2. 超导储能效率及应用

对于整个超导储能系统而言，输入的电能主要来源于两部分：制冷机运行所需电能和为线圈充能消耗的电能。因此整个系统的效率为

$$\eta = \frac{E}{W_{\mathrm{cool}} + W_{\mathrm{el}}} \qquad (2-21)$$

式中：W_{cool} 为制冷机运行所需电能（J）；W_{el} 为线圈充能消耗的电能（J）。

制冷机所需电能与释放的冷量存在如下关系

$$W_{\mathrm{cool}} = \frac{Q_{\mathrm{cool}}}{COP} \qquad (2-22)$$

式中：Q_{cool} 为制冷剂释放的冷量（J）；COP 为制冷系数。

若容器真空绝热，忽略换热损失，则有

$$Q_{\mathrm{cool}} = W_{\mathrm{el}} - E \qquad (2-23)$$

对于线圈而言，充电量与线圈储存能量之间存在能量的转换效率，并满足

$$E = \eta_{\mathrm{el}} W_{\mathrm{el}} \qquad (2-24)$$

式中：η_{el} 为线圈充电量与储存能量之间的电效率。

结合式（2-21）～式（2-24），容器真空绝热时，整个超导储能系统的效率为

$$\eta = \frac{E}{\dfrac{Q_{cool}}{COP} + \dfrac{E}{\eta_{el}}} = \frac{E}{\dfrac{W_{el} - E}{COP} + \dfrac{E}{\eta_{el}}} = \frac{E}{\dfrac{\dfrac{E}{\eta_{el}} - E}{COP} + \dfrac{E}{\eta_{el}}} = \frac{\eta_{el} COP}{1 - \eta_{el} + COP} \qquad (2-25)$$

然而由于低温超导磁体工作温度小于 20K，高温超导磁体工作温度也在 25K 附近，容器内与外界环境的换热不可忽略，制冷机产生的制冷量主要用于抵消容器内部与外界环境的换热量。能量守恒方程如下

$$W_{el} - E + Q_{ex} = Q_{cool} \qquad (2-26)$$

式中：Q_{ex} 为容器内外换热量。

超导储能技术具有显著的优势。首先，其响应速度极快，电能直接储存，无需进行能量转换，因此充放电速度可以达到毫秒级。其次，超导储能系统的功率密度高，在直流电流产生的磁场中储存能量，其功率密度可达约 5kW/kg。此外，在忽略续流损耗的情况下，其能量转换效率超过 90%，体现出优越的性能。在应用领域方面，超导储能可用于提高电能质量、增加阻尼系数和改善系统稳定性，特别适合抑制低频振荡。

尽管如此，超导储能技术仍面临一些挑战，包括价格昂贵和维护复杂，导致商业化产品较为稀少，现阶段主要集中于试验性应用。

总的来说，超导储能技术的发展方向是提高超导材料工作温度、制冷效率和隔热能力，提高系统效率，并拓展实际应用领域，这将推动超导储能技术朝着更高效、更可靠、更经济和更广泛应用的方向发展。

例 2-5　试根据式（2-25）中理想真空绝热条件下超导储能系统效率的计算方法，探究总储能效率随制冷系数和能量转换效率变化的规律。如表 2-1，已知 COP 和 η_{el}，试求系统效率。

表 2-1　　　　　　　　　　　　　　η 随 COP 和 η_{el} 的变化

η_{el}	η			
	$COP = 0.5$	$COP = 0.4$	$COP = 0.3$	$COP = 0.2$
0.999				
0.995				
0.99				
0.98				
0.97				
0.96				
0.95				
0.94				

解　计算结果见表 2-2，总储能效率随制冷系数和能量转换效率的变化趋势如图 2-7 所示。根据式（2-25），要实现总储能效率为 1，需满足两个条件：线圈充电量与储存

能量之间的电效率为 1，且容器处在真空绝热状态。实际中超导线圈电阻近乎为 0，因此 $\eta_{el} \approx 1$ 是有望实现的，但容器真空绝热的条件难以实现，因此实际能量转换效率为 95%左右。

表 2-2 η 随 COP 和 η_{el} 的变化

η_{el}	η			
	$COP = 0.5$	$COP = 0.4$	$COP = 0.3$	$COP = 0.2$
0.999	0.99701	0.99651	0.99568	0.99403
0.995	0.98515	0.98272	0.97869	0.97073
0.99	0.97059	0.96585	0.95806	0.94286
0.98	0.94231	0.93333	0.91875	0.89091
0.97	0.91509	0.90233	0.91875	0.84348
0.96	0.88889	0.87273	0.91875	0.8
0.95	0.86364	0.84444	0.91875	0.76
0.94	0.83929	0.81739	0.91875	0.72308

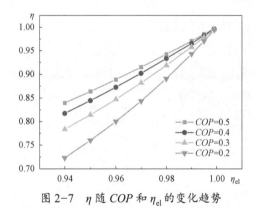

图 2-7 η 随 COP 和 η_{el} 的变化趋势

为了更为准确地对上述各类物理储能（电）方式进行对比，表 2-3 列出常见物理储能技术的应用特点及经济性对比。

表 2-3   常见物理储能技术的应用特点及经济性对比

储能方式	抽水蓄能	压缩空气储能	飞轮储能	超导储能
容量	中~大	中	小	小~中
效率	约80%	约60%	约90%	约95%
技术难度	简单	高	低	高
价格	较低	较高	较低	较高
自放电	小	小	大	中
寿命	长	较长	较长	较长

2.5 显热储能技术

显热储能（Sensible Heat Storage）是一种热能储存技术，它的起源可以追溯到古代文明，人们通过将热能储存在土壤、水或岩石等材料中来实现温度调节。然而，随着科学技术的发展，特别是工业革命以及对可再生能源的需求增加，显热储能技术开始得到更广泛的关注和应用。目前，显热储存在光热发电、清洁能源供暖、火电灵活性改造和跨季节储热工程实践中应用广泛。显热储能技术的发展历程可以追溯到 20 世纪中期。在 20 世纪 60 年代欧洲开始探索季节性热能储存的可能性，试图通过储存夏季的热量来满足冬季的供暖需求。瑞典在这一领域做出了重要贡献，分别于 1978 年和 1980 年建成了世界上首批季节性储热系统，这些系统成为现代显热储能技术发展的重要基础。随着科学技术的不断进步和对清洁能源的需求增加，显热储能技术得到了进一步的改进和优化。新材料的开发、系统设计的改进以及与其他能源技术的集成使得显热储能系统的性能得到了显著提升。同时，显热储能技术在太阳能热发电、工业废热利用、建筑能源管理等领域的应用也在不断扩展。

数字资源

2.5.1 拓展阅读：显热储能能量和㶲分析

2.5.2 拓展阅读：显热储热应用项目与分析

1. 显热储能技术原理及材料

显热储能通过加热或冷却存储介质（液体或固体）来存储热能，即利用材料物质自身比热容，通过温度的变化来进行热量的存储与释放。存储的能量与工作温度范围内充电时的温度变化（上升或下降）以及材料的热容量成正比，显热储能系统蓄热量为

$$Q_s = V_s \int_{T_1}^{T_2} \rho_s c_{p,s} \, \mathrm{d}T \tag{2-27}$$

式中：Q_s 为显热储能系统蓄热量（J）；V_s 为储热介质容积（m^3）；ρ_s 为介质密度（$\mathrm{kg/m}^3$）；$c_{p,s}$ 为介质比热容 [$\mathrm{J/(kg \cdot K)}$]。

在显热储热系统的设计过程中，需要综合考虑多个关键因素，以确保系统的高效性和可靠性。其中，储热介质的输运特性、热稳定性、材料相容性以及传热性能参数是主要的设计考虑要素。储热介质的输运特性直接影响其在系统中的流动性和热传递效率。热稳定性则决定了储热介质在高温条件下的性能保持能力，确保其在长期运行中不发生化学或物理变性。材料相容性则关系到储热介质与系统组件之间的相互作用，防止因材料不兼容导致的腐蚀或性能下降。此外，传热性能参数影响热量的传递速度和效率，是设计优化的重要依据。

在选择储热介质时，气体虽然具备良好的输送特性，便于在系统中流动，但其应用在热储能领域受到一定限制。这主要是由于气体的低密度和低比热容，使得在单位体积内储存的

热能较少。此外，气体的导热系数通常较低，这进一步限制了其在显热储热应用中的有效性。因此，尽管气体在某些条件下具有优势，其在实际应用中的适用性仍然受到局限。

在常用的显热储热介质中，液态和固态材料通常被优先选择。液态储热介质具有较高的比热容，可以在相对较小的体积内存储更多的热能，同时其流动性也使得热交换过程更加高效。固态储热介质通常具有较好的热稳定性和导热性，适合用于高温热储存。两者的综合应用能够显著提高显热储热系统的整体效率和经济性。表 2-4 中列出了常用显热储热介质的材料性能。

表 2-4 常用显热储热介质的材料性能

相态	材料	工作温度 （℃）	密度 （kg/m³）	比热容 [kJ/(kg·K)]
液态	乙醇	≤78	785	2.50
	水	0～100	992	4.20
	机油	≤160	888	1.88
	导热油	20～400	700～900	2.00～2.60
	硝酸盐	265～565	1870	1.60
	钠	270～575	850	80.00
	碳酸盐	450～850	2100	1.80
固态	混凝土	200～390	2750	0.91
	铸铁	200～400	7200	0.56
	岩石	200～700	2560	0.88
	硅耐火砖	200～700	1800	1.00
	镁耐火砖	200～1200	3000	1.20
	沙	20～1100	1550	0.8

在液态储热介质中，水是最常用的选择，其温度不超过 100℃，因其安全稳定的特性而广泛应用于太阳能热水和供暖系统。尽管水的使用具有普遍性和经济性，但其仅能满足低温需求，且能量转换效率较低。因此，在高温储热的应用场景中，水的适用性受到限制。导热油具备良好的传热性能和宽广的工作温度范围，常用于中高温热储能应用。然而，导热油的成本相对较高，并且其易燃性带来了安全隐患，因此在许多情况下逐渐被熔盐所替代。熔盐（硝酸盐、碳酸盐）在显热和潜热的储热中都有应用，其优势主要是能达到较高的温度，一般作为中高温储热介质，具备低饱和蒸气压、低黏度、高热导率、不易燃且无毒等诸多优点，可成为理想的太阳能热发电储热介质。熔盐的低成本及其出色的热性能，使其在太阳能热能存储系统中占据了重要地位。液态金属（钠）具有超高的导热系数，适用于高于 600℃ 的工作温度，在某些高温应用中显示出独特的优势。然而，液态金属的化学性质相对不稳定，需要采取额外的安全措施以确保操作安全。此外，其经济性相对较差，目前仍处于基础研究阶段，尚未实现广泛应用。

固态储热介质常用的材料包括混凝土、岩石和耐火砖。这些材料的工作温度通常较高且成本低，适合于高温储热需求。然而，大多数固态储热介质的热导率相对较低，导致其传热性能受到限制。尤其是在高温条件下，固态材料的传热效率显得尤为重要。沙颗粒作为一种新兴的固态储热介质，能够在高达 1100℃ 的温度下保持热稳定，并通过气固流动提高传热系数。但其工程应用尚未成熟，仍面临流动阻力损失等挑战，限制了其在实际应用中的推广。总体而言，固态储热系统有传热温差的问题，这会导致能量利用率的降低。其主要研究目标集中在优化储热和放热过程，以降低储热过程中的耗散和减小热损失。这些研究将有助于提高显热储热系统的整体效率，推动其在各类储热应用中的发展。

2. 显热储能效率及应用

对显热储能系统的性能评估有两种方式，以热力学第一定律为基础的分析方法称为能量分析法，以热力学第二定律为基础分析方法称为㶲分析法。简化的显热储能系统如图 2-8 所示。

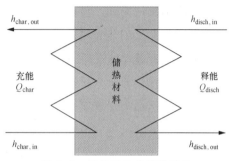

图 2-8　简化的显热储能系统

能量分析法中，性能可以通过效率来评估。能量效率 η 与存储过程有关，即"充能过程"和"释能过程"。同时储热比 R_{stor} 也能用于评价储能系统的性能。

$$\eta = \frac{Q_{\text{disch}}}{Q_{\text{char}}} = \frac{m_{\text{disch}}(h_{\text{disch, out}} - h_{\text{disch, in}})}{m_{\text{char}}(h_{\text{char, in}} - h_{\text{char, out}})} \qquad (2-28)$$

$$\eta_{\text{char}} = \frac{Q_{\text{s}}}{Q_{\text{char}}} \qquad (2-29)$$

$$\eta_{\text{disch}} = \frac{Q_{\text{disch}}}{Q_{\text{s}}} \qquad (2-30)$$

$$R_{\text{stor}} = \frac{Q_{\text{s}}}{Q_{\text{s, max}}} \qquad (2-31)$$

式中：Q_{char}、Q_{disch} 为显热储能系统充、放出的热量（J）；m_{char}、m_{disch} 为充能、释能介质的质量流量（kg/s）；η_{char}、η_{disch} 为充能、释能效率；$h_{\text{char, in}}$、$h_{\text{char, out}}$ 为充能过程进、出口的焓（kJ/kg）；$h_{\text{disch, in}}$、$h_{\text{disch, out}}$ 为释能过程进、出口的焓（kJ/kg）。

根据热力学第二定律，流动㶲为

$$e_{\text{X}} = (h - h_0) - T_0(s - s_0) \qquad (2-32)$$

式中：h 为比焓（J/kg 或 kJ/kg）；h_0 为环境状态下的比焓（J/kg 或 kJ/kg）；T_0 为环境温度；s 为比熵 [J/(kg·K)]；s_0 为环境状态下的比熵 [J/(kg·K)]。

考虑到换热过程的不可逆性，在㶲分析方法中，性能通过㶲效率 ε 来评估

$$\varepsilon = \frac{E_{\text{X,disch}}}{E_{\text{X,char}}} = \frac{m_{\text{disch}}[h_{\text{disch,out}} - h_{\text{disch,in}} - T_0(s_{\text{disch,out}} - s_{\text{disch,in}})]}{m_{\text{char}}[h_{\text{char,in}} - h_{\text{char,out}} - T_0(s_{\text{char,in}} - s_{\text{char,out}})]} \qquad (2\text{-}33)$$

式中：$s_{\text{char,in}}$、$s_{\text{char,out}}$ 为充能过程进、出口的熵 $[kJ/(kg \cdot K)]$；$s_{\text{disch,in}}$、$s_{\text{disch,out}}$ 为释能过程进、出口的熵 $[kJ/(kg \cdot K)]$。

显热储热技术具有相对成熟，操作简单，且具备环境友好和成本低廉的特点。显热储热的存储容量通常在 $10 \sim 50kWh/t$，其存储效率范围为 $50\% \sim 98\%$，具体取决于所使用储热介质的比热容和隔热技术的有效性。此外，显热储热系统的工作温度范围广泛，从 $-160℃$ 到 $1000℃$ 以上，能够适应多种应用场景。

在应用领域方面，显热储热被广泛应用于光热发电、清洁能源供暖和火电灵活性改造等领域。在太阳能光热发电机组中，配置热储存系统能够赋予其同步电源特性，具备一次和二次调频功能，从而提高电网的稳定性和可靠性。

尽管显热储热技术具有诸多优点，但仍面临一些挑战，包括储能密度低、温度输出波动较大和热损失显著等。未来的主要发展方向集中在提高储能密度、降低温度波动以及减少热损失，以进一步提升显热储热技术的整体性能和应用效率。

例 2-6　某显热储能系统，利用汽轮机出口的一部分乏汽（$180℃$，$507.1kPa$）加热导热油 $[c_{p,\text{s}} = 2.4kJ/(kg \cdot K)$，工作温度 $20 \sim 400℃]$ 进行储热。充能后，乏汽温度降低至 $50℃$，使 $5t$ 导热油从室温 $20℃$ 升高到 $150℃$。系统释能过程中，利用储存的全部热量对居民用水 $[c_p = 4.2kJ/(kg \cdot K)]$ 进行加热，使水温从室温升高至 $42℃$。问：

（1）系统储热比是多少？

（2）若充能和释能效率均为 80%，系统总能量效率是多少？需要多少乏汽？能加热多少居民用水？

（3）整个系统的㶲效率是多少？

解　（1）储热比为

$$R_{\text{stor}} = \frac{Q_{\text{s}}}{Q_{\text{s,max}}} = \frac{\Delta T}{\Delta T_{\text{max}}} = \frac{150 - 20}{400 - 20} = 0.3421$$

（2）系统总能量效率为

$$\eta = \eta_{\text{char}}\eta_{\text{disch}} = 0.8 \times 0.8 \times 100\% = 64\%$$

当温度变化不大时，可将介质密度 ρ_{s} 和介质比热容 $c_{p,\text{s}}$ 视为常数，则根据式（2-27），系统蓄热量为

$$Q_{\text{s}} = c_{p,\text{s}} m_{\text{s}} \Delta T = 2.4 \times 5 \times 10^3 \times (150 - 20) = 1.56 \times 10^6 (kJ)$$

查得乏汽焓值：$h_{\text{char,in}} = 2812kJ/kg$，$h_{\text{char,out}} = 209.8kJ/kg$。

则所需乏汽为

$$m_{\text{char}} = \frac{Q_{\text{char}}}{h_{\text{char, in}} - h_{\text{char, out}}} = \frac{\dfrac{Q_s}{\eta_{\text{char}}}}{h_{\text{char, in}} - h_{\text{char, out}}} = \frac{\dfrac{1.56\times10^6}{0.8}}{2812 - 209.8} = 749.366(\text{kg})$$

能加热用水为

$$m_{\text{disch}} = \frac{Q_{\text{disch}}}{h_{\text{char, out}} - h_{\text{char, in}}} = \frac{Q_s\eta_{\text{disch}}}{c_p\Delta T} = \frac{1.56\times10^6\times0.8}{4.2\times(42-20)} = 13.506(\text{t})$$

（3）查得：$s_{\text{char, in}}=6.960\text{kJ/(kg}\cdot\text{K)}$，$s_{\text{char, out}}=0.704\text{kJ/(kg}\cdot\text{K)}$，$s_{\text{disch, in}}=0.296\text{kJ/}$（kg·K），$s_{\text{disch, out}}=0.599\text{kJ/(kg}\cdot\text{K)}$。

$$\varepsilon = \frac{m_{\text{disch}}[c_p(T_{\text{disch, out}} - T_{\text{disch, in}}) - T_0(s_{\text{disch, out}} - s_{\text{disch, in}})]}{m_{\text{char}}[h_{\text{char, in}} - h_{\text{char, out}} - T_0(s_{\text{char, in}} - s_{\text{char, out}})]}$$

$$= \frac{13.506\times10^3\times[4.2\times(42-20) - (20+273.15)\times(0.599-0.296)]}{749.366\times[2812-209.8 - (20+273.15)\times(6.96-0.704)]}$$

$$= 0.0839$$

可见，尽管系统总能量效率能达到 64%，但由于该系统用过热蒸汽（高品位热能）来加热日常用水（低品位热能），导致㶲效率非常低。

2.6 相 变 储 能 技 术

相变储能（潜热储能）是一种有效提高能源利用效率的技术，广泛应用于太阳能利用、电力移峰填谷、废热和余热回收以及建筑与空调节能等领域。相变储能技术的发展历程可以追溯到 20 世纪 50 年代，当时玛丽亚·特尔克斯（Maria Telkes）博士观察到硼砂的相变吸热降温效果。进入 20 世纪 60 年代，美国 NASA 进一步研究了相变材料在航天器中的温控应用。随后，美国科学实验室将相变材料成功应用于建筑领域，开发了用于太阳能建筑的相变建筑板。自 20 世纪 90 年代以来，相变储能材料逐渐被用于光热和核能系统的换热器中，进一步推动了该技术的发展。近期，相变储能的研究热点集中在开发复合相变材料，并探索结合纳米技术的相变材料包装应用，以进一步提升相变储能材料的性能和应用范围。

数字资源
2.6.1 拓展阅读：相变材料前沿研究方向
2.6.2 拓展阅读：相变储热与可再生能源系统
2.6.3 实验：相变储热材料测试实验

1. 相变储能技术原理及材料

相变储能技术利用相变材料（Phase Change Material, PCM）在物相变化过程中与外界环境进行能量交换，以实现热量的储存或释放，从而改变能量的时空分布，优化能量利用。相变材料的熔化或凝固过程保持温度不变，但该过程伴随着吸收或释放相当大的潜热。相变过程主要分为固—液相变和固—固相变两种类型。在固—液相变中，材料通过熔化储热，并在凝固时释放热量；固—固相变通过材料的晶体结构或固体结构的有序—无序转变，实现可逆的储热和放热过程。

固—液相变储热除了与环境交换相变潜热，还常与固相和液相的显热储热过程共同进行，其储热量为

$$Q_L = V_s \int_{T_1}^{T_2} \rho_s c_{p,s} \, dT + m\Delta H + V_L \int_{T_1}^{T_2} \rho_L c_{p,L} \, dT \tag{2-34}$$

式中：Q_L 为潜热储能系统蓄热量（J）；V_s、V_L 为介质固态、液态时的容积（m³）；ρ_s、ρ_L 为介质固态、液态时的密度（kg/m³）；$c_{p,s}$、$c_{p,L}$ 为介质固态、液态时的比热容 [J/（kg·K）]；m 为介质质量（kg）；ΔH 为介质相变产生的焓变（J/kg）。

相变材料的选择需满足以下要求：化学性能方面，材料应具有良好的化学稳定性，能够多次循环利用，且环保无毒，安全可靠；物理性能方面，材料在相变时体积变化应尽可能小，便于储存，并且在放热过程中温度变化应保持稳定；经济性方面，材料应价格低廉且易于制备。

在相变储能应用中，由于固—气相变和液—气相变过程中体积变化较大，固—液相变成为最为主流的应用方式。此外，图2-9展示了不同相变材料的熔融温度和熔融焓的分布情况，为不同应用场景下储热材料的选择提供了指导。

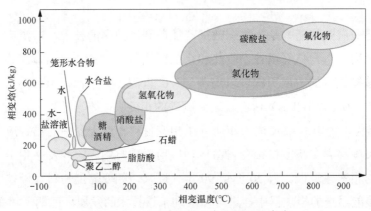

图 2-9　相变材料熔融温度和熔融焓分布

固—液相变材料可以根据其成分分为无机相变材料和有机相变材料。其中，无机相变材料因其显著的潜热和不易燃的特性在储能领域得到了广泛的应用，主要包括水合盐、熔融盐和金属合金。水合盐作为一种常见的无机相变材料，主要适用于中低温储热领域。此类材料具有高相变潜热和能量密度，同时成本相对较低。无机盐水合物主要用于工业余热回收和温度控制的建筑材料。然而，水合盐在相变过程中可能出现相分离现象，这会降低系统的整体储热能力。另外，在理论熔点下，无机相变材料很难立即凝固，需要在低于熔点的某个温度才开始结晶，导致发生过冷现象，放热量减少，并造成

放热温度的波动。这些问题限制了水合盐在某些高效能应用中的表现。熔融盐和金属合金可用于中高温储热场景，具备较大的相变焓和高密度的优势。这使得它们在高温储热应用中表现出色，能够有效地存储和释放大量热量。然而，这类材料同样存在一些不足之处。熔融盐和金属合金通常具有腐蚀性，可能对储存和输运装置造成损害，特别是在高温环境下，这种腐蚀性会显著影响储热装置的长期稳定性和使用寿命。此外，熔融盐和金属合金的含毒性和高成本也限制了其在更广泛领域的规模化应用。

相较之下，有机相变材料的一些特点，使其在低温储热领域得到广泛应用。这些材料的熔点通常较低，具有良好的稳定性和无腐蚀性，同时过冷度小，几乎不存在相分离现象。因此，有机相变材料在许多应用中显示出优越性，尤其是在建筑保温和温控系统中。然而，有机相变材料也存在一些缺点。一方面，它们的体积储热密度相对较小，热导率低，从而限制了其传热性能。另一方面，有机相变材料存在泄漏隐患，可能因静电、毛细效应等因素与矿物材料发生相互作用，导致材料封装困难，易泄漏。为了解决这些问题，研究人员提出了一些有效的解决方案。例如，可以采用多孔矿物材料对有机相变材料进行封装，以降低泄漏的风险。此外，将石墨掺混于相变材料中，可以显著提高导热系数，从而增强储热系统的传热性能，改善整体热管理效果。在常用的有机相变材料中，石蜡（主要为直链烷烃的混合物）具有广泛的熔点、高热容和优良的化学稳定性。其主要应用于建筑物的温度调节，如在墙体和天花板中使用，以及太阳能热水器和热能存储系统。尽管有机相变材料在许多应用中表现出色，但仍需关注其安全性问题。大部分有机相变材料具有易燃性，因此在设计和使用过程中必须考虑工作温度和相关的安全措施，以确保系统的安全性和可靠性。

相变储能系统工作过程以澳大利亚能源储存有限公司（ESPL）的相变发电储能技术为例（见图 2-10）。该系统的工作过程包括充能和释能两个主要阶段。在充能过程中，首先通过电力驱动压缩机将液态工质压缩成高温高压气态，工质进入到下方的储热罐中与固态相变材料进行热交换，释放热量，使相变材料吸热变为液体并将热量储存；低温低压的气态工质经过节流元件降压后，流入上方的蓄冷罐，冷却相变材料（从相变

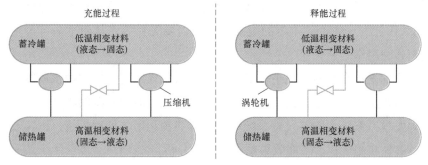

图 2-10 相变储能系统工作过程

材料吸热）使其由液态转变为固态，随后低温气态工质进入压缩机并循环上述过程。释能过程开始于加压的液态工质流经下方的储热罐，在此过程中，液态工质从相变材料中吸收热量并蒸发膨胀，产生动力进入涡轮机做功进行发电。气态工质在做功后被引导至上方的蓄冷罐，向相变材料释放热量，使其再次融化，完成相变。这时，工质转变为液态并经泵加压后，重新进入下方储热罐，为下一个循环做好准备。通过这一系统，能量得以高效地储存和释放，实现了相变材料在能源管理中的重要作用。

2. 相变储能效率及应用

相变储能系统的评估方法与显热储能类似，可参照式（2-28）～式（2-33）进行分析。

相比于其他类型的储能方式，相变储能具有单位质量（体积）蓄热量大、温度波动小、化学稳定性高和安全性好等特点，因此在储能领域受到重视。然而，由于其存在的固有缺陷，导致目前实际应用中相变储能技术占比仍较低。一方面，储能材料的耐久性不足，储能材料在循环过程中热物理性质会发生退化，并且会对附属设备会产生一定程度的腐蚀；另一方面，由于各种相变储能材料及相变储能设备材料价格较高，其在经济性上不具备优势。相变储能未来的发展方向主要是通过对相变储能材料的改性（通过物理、化学或机械手段改变材料的性质）提升其能量密度，同时降低实际使用成本。研究和制备性能更好的封装容器和载体基质，防止过冷和相分离的新方法，改善相变材料的导热性能提高复合材料的性能等是相变储能的主要发展方向。

2.7 物理储能与综合能源系统

储能系统的一个重要作用是协调电网供电量与用户需求量之间的差异，调节供需平衡。在综合能源系统中，物理储电能够在电网需求高峰时存储过剩的电力，并在需求低谷时释放电能，帮助平衡电力系统的供需关系，提高电力系统的稳定性和可靠性，帮助平衡电力系统的负载，避免供电不足或电力浪费。另外，物理储电可以存储可再生能源（如风能和太阳能）在生产过剩时的电能，并在需要时释放，从而平衡可再生能源的波动性，提高其利用率。

值得注意的是：在很多工况下，储能系统可以独立应用，例如抽水蓄能，可以将势能转换为电力输出，仅用于储能场合，并不涉及与综合能源系统的结合。但是如果抽水蓄能与火力发电系统、太阳能发电系统形成综合能源利用与储存系统，则需要通过能量转换条件、具体实施过程、节能效果等进行综合分析。

下面结合一个例题说明物理储电在综合能源系统中的应用。

例 2-7　假设某居民区计划在屋顶铺设光伏板，白天利用太阳能进行发电。居民的用电量主要集中在晚上，电力需求为 600kWh。该城市决定采用压缩空气储能技术（压缩空气储能系统效率为 65%）将白天的太阳能发电储存起来，晚上为居民区供电。如果不采用储能方案，该城市需要在夜晚依靠火电厂供电，传统火电厂的效率为 40%。假设电效率和机械效率均为 0.99。试分析：

（1）采用压缩空气储能技术后，白天利用太阳能产生 1000kWh 电量是否能满足居民需求？

（2）标准煤的热值为 23.9MJ/kg，采用太阳能—压缩空气储能技术后，该居民区一年将节省多少煤？

（3）简要说明采用储能技术与不采用储能技术的区别，并分析储能技术在综合能源系统中的作用。

解　（1）涉及的能量转换如图 2-11 所示。

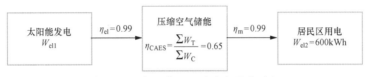

图 2-11　太阳能—压缩空气储能过程

太阳能至少产生的电量为

$$W_{el1,min} = \frac{W_{el2}}{\eta_m \eta_{CAES} \eta_{el}} = \frac{600}{0.99 \times 0.65 \times 0.99} = 941.8191(kWh)$$

$W_{el1,min} < W_{el1} = 1000kWh$，因此可以满足居民需求。

（2）利用火电厂发电时，输入锅炉的热量为

$$Q = \frac{W_{el2}}{\eta} = \frac{600}{0.4} = 1500(kWh)$$

所需煤量为

$$m = \frac{1500 \times 10^3 \times 3600 \times 365}{23.9 \times 10^6} = 82468.6193kg = 82.469(t)$$

（3）采用储能技术与不采用储能技术的区别及储能技术在综合能源系统中的作用：不采用储能技术时，需要依赖火电厂等传统发电方式来满足电力需求，但这些方式可能受到燃料供应、环境污染等因素的限制，而且其效率相对较低。采用储能技术后，可以克服新能源发电周期性的问题，将电量储存起来，在需要时释放以供电力需求，这样不仅提高了能源的利用效率，还减少了对传统发电方式的依赖，从而降低了能源成本、减少了环境污染，并增强了能源系统的稳定性和可靠性。

除了物理储电，物理储热在综合能源系统中也有着广泛的需求和应用。物理储热可

以与可再生能源系统（如太阳能和风能）结合使用，以解决可再生能源的间歇性和波动性问题。例如，利用太阳能集热系统和热储罐储存热能，可以延长太阳能的利用时间，并提高系统的整体效率。在工业生产过程中，存在许多需要定期供热或制冷的应用。物理储热可以用于储存工业生产中产生的废热，以供后续使用，从而提高能源利用效率和降低能源成本。同时物理储热可以与热电联产系统结合使用，以平衡电力和热能的供需之间的差异。通过在电力需求低谷时储存热能，然后在高峰时释放热能，可以提高热电联产系统的效率和经济性。在城市集中供热与供暖系统中，热能储存可以用于储存夏季低负荷时期的热能，以供冬季高负荷时期的供热和供暖需求，从而平衡季节性的能源供需差异。

例 2-8　某家庭采用了地源热泵系统来供暖，地源热泵的制热系数（*COP*）为 4.5。假设该家庭在寒冷的冬季，每天需要供暖的热量为 15000kJ。如果该家庭在白天阳光充足时将多余的热能利用显热储存起来，晚上用于供暖。假设显热储热系统的效率为 70%，试分析：

（1）白天需要向储热系统输入多少热能？

（2）白天需要向地源热泵系统提供多少热能？

（3）若不使用这种太阳能—热泵—显热储热系统，夜晚将由火电厂为热泵提供能量输入。假设火电厂效率为 40%，标准煤的热值为 23.9MJ/kg，采用这种太阳能—热泵—显热储热技术后，该家庭一天将节省多少煤？

解　涉及的能量转换如图 2-12 所示。

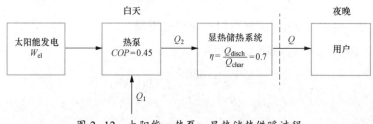

图 2-12　太阳能—热泵—显热储热供暖过程

（1）白天需要向储热系统输入的热能为

$$Q_2 = \frac{Q}{\eta} = \frac{15000}{0.7} = 21428.5714(\text{kJ})$$

（2）白天需要利用地源热泵系统提供的热能量为

$$W_{el} = \frac{Q_2}{COP} = \frac{21428.5714}{4.5} = 4761.9048(\text{kJ})$$

$$Q_1 = Q_2 - W_{el} = 21428.5714 - 4761.9048 = 16666.6666(\text{kJ})$$

（3）若不使用这种太阳能—热泵—显热储热系统，涉及的能量转换如图 2-13 所示。

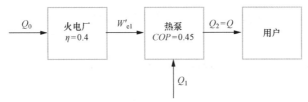

图 2-13 火电厂—热泵供暖过程

$$W'_{el} = \frac{Q_2}{COP} = \frac{15000}{4.5} = 3333.3333(kJ)$$

$$Q_0 = \frac{W'_{el}}{\eta} = \frac{3333.3333}{0.4} = 8333.3333(kJ)$$

该家庭一天节约煤量为

$$m = \frac{8333.3333 \times 10^3}{23.9 \times 10^6} = 348.675 \times 10^{-3} kg = 348.675(g)$$

思 考 题 与 习 题

2-1 使用物理方式储能的技术有哪几类,分析其在不同场景下各自的优势。

2-2 某抽水蓄能电站的蓄能库容为 $1.8 \times 10^{10} m^3$,按最大的容量进行削峰填谷。在抽水工况下,变压器、电动机、水泵和输水系统的运行效率分别为 98%、96%、90% 和 97%;在发电工况下,输水系统、水轮机、发电机和变压器的运行效率分别为 96%、88%、96% 和 98%;水库表面蒸发、水库渗漏和事故库容等因素引起的损失系数为 1.1;发电运行时间 4h。假定运行时段的平均水头为 550m。试求:

(1)抽水蓄能电站的抽水工况运行效率、发电工况运行效率和综合效率。

(2)发电运行状态下的调峰容量(功率)和调峰电量(能量)。

2-3 抽水蓄能在全球和国内的储能市场都占有极大的比重,请结合文献阅读,对以下几个方面进行系统分析:

(1)上池和下池的最佳位置。

(2)如何优化抽水蓄能系统的效率?

(3)抽水蓄能系统如何与其他能源系统集成,以实现更可靠和稳定的能源供应?

(4)在不同规模的抽水蓄能系统中,成本、效益和环境影响如何平衡?

2-4 某压缩空气储能系统,压缩机从大气中吸入空气,压缩比为8,进入膨胀机的气体温度为 600K,压缩时间为膨胀时间的 1.5 倍。将系统视为稳流系统,将空气视为理想气体。试求该压缩空气储能系统效率。

2-5 若想要设计一个更高效的压缩空气储能系统,试问:

（1）可以从哪些方面改进压缩机、储气库、膨胀机等关键部件，以提高系统效率和性能？

（2）如何解决压缩空气储能系统的能量转换过程中的热量损失问题？提出可能的热量回收方案。

2-6 压缩空气储能系统在可再生能源系统集成中的作用是什么？如何最大程度地消除可再生能源的波动性？

2-7 简述飞轮储能的工作过程以及各个部件的作用，分析当系统运行于不同负荷时可能的能量损失，并给出优化思路。

2-8 目前超导储能的应用限制在于制冷效果以及材料方面。如何解决超导储能系统中的制冷和绝缘问题？材料方面可以采取哪些优化方案？

2-9 超导储能系统在电网调度中的作用是什么？如何利用其快速响应和高功率输出的特性来提高电网稳定性？

2-10 将例 2-6 中的储热材料换成石蜡（相变储热材料），试计算：

（1）试计算系统储热比。

（2）若充能和释能效率均为 85%，试计算系统总能量效率，系统需要多少乏汽？能加热多少居民用水？

（3）试计算整个系统的㶲效率？

2-11 如何将显热储能技术与能量梯级利用过程相结合？试结合文献阅读选择合适的显热储能材料和能量梯级利用方式，以实现能量的高效转换和利用，并给出设计思路。

2-12 考虑储能和释能过程中的热量传递和控制，以及系统的稳定性和可靠性，如何优化能量梯级利用系统的能量转换效率？试提出技术改进和系统优化方案，以最大程度地提高能源利用效率。

2-13 相变储能系统对材料有哪些要求？如何优化相变储能系统的能量转换效率？并考虑如何将相变材料与热传导结构相结合，以实现能量的高效存储和释放？

2-14 相变储能系统在建筑节能、工业生产等方面的应用潜力如何？分析其经济性和环境影响，探讨在不同领域的可行性和优势。

第 3 章

电化学储能技术

3.1 电池基础

自从 1800 年伏打（A. Volta）发明的第一个电池问世以来，人类已开发出各种各样的电池。一类是称为"一次电池"的电池，它不能重复充电使用，包括锌锰电池、氧化银电池，锌空电池，海水电池等。另一类电池可以通过充电反复多次使用，称为"二次电池"，又称为蓄电池（Rechargeable Battery）。二次电池（蓄电池）主要有两类，一类是主要用作民用的铅酸电池（发明时间 1859 年）、镍镉电池（发明时间 1899 年）、镍氢电池（发明时间 1990 年）和锂离子电池（发明时间 1991 年），另一类是用于蓄电和电力负荷平整化的高温钠硫电池和氧化还原液流电池。

电池的产生集结了化学的所有领域。电池的基础包括电化学、与电极材料和电解质材料相关的无机化学、与有机电解液相关的有机化学、与黏结剂相关的高分子化学，以及先端的分析化学。在追求碳中和的时代，可再生能源的需求会越来越大，从而对高性能电池的期待也会日益增强。

下面以氢氧燃料电池为例，考察化学反应能与电能的转换。该电池中发生氢和氧生成水的反应

$$2H_2 + O_2 \longrightarrow 2H_2O \qquad (3-1)$$

式（3-1）中，氢直接被氧化放出热。但是，要把它变换成电化学能，就需要让氢的氧化反应和氧的还原反应各自在不同的场所进行，发生以电子和离子为中介的氧化还原反应。发生氧化反应的电极称为阳极，发生还原反应的电极称为阴极。对于氢氧燃料电池而言，在阳极和阴极分别发生如下反应。

$$阳极 \quad 2H_2 - 4e^- \longrightarrow 4H^+ \qquad (3-2)$$

$$阴极 \quad O_2 + 4H^+ + 4e^- \longrightarrow 2H_2O \qquad (3-3)$$

阳极上产生的电子，通过外部电路移动至阴极，被用于还原反应。阳极产生 H^+，阴极消耗 H^+，为此，H^+ 形成浓度梯度，该浓度梯度成为 H^+ 从阳极向阴极扩散的驱动力，使得电化学体系中电子和离子的流动回路闭合。

1. 电池的电动势、容量

电池的一般表达式可以写为如下形式：

$$(-) \text{负极}|\text{电解质}|\text{正极} (+)$$

其中，"|"最早代表为盐桥，也可以理解为界面。

电池的电动势可通过热力学求得。当电池中的电极没有电流通过，且电池处于平衡状态下，其对应的是可逆电动势，根据热力学原理，有

$$\Delta G = -nFE = -RT\ln K \tag{3-4}$$

式中：ΔG 为吉布斯自由能；n 为得失电子的摩尔数；F 为 1mol 电子所带的电量，即法拉第常数，其值为 96485C/mol；E 为电池的电动势；K 为化学反应的平衡常数；R 为摩尔气体常数；T 为热力学温度。

电位是相对于某一个基准的值，一般以标准氢电极（Standard Hydrogen Electrode, SHE）为基准。以锌和铜为例，如下所示

$$Zn^{2+} + 2e^- \longrightarrow Zn \tag{3-5}$$

$$Cu^{2+} + 2e^- \longrightarrow Cu \tag{3-6}$$

因为 Zn 的电位（$\varphi^0 = -0.76V$）比 Cu（$\varphi^0 = +0.34V$）低，如果 Zn 和 Cu 构成电池，则 Zn 为负极，Cu 为正极，这时电池的标准电动势为+1.10V。对于电池系而言，因为不可能处于标准状态，所以要利用能斯特方程通过使用活度来表示电动势。像锂离子电池那样使用嵌入型电极的电池，电池的电动势为两个电极间的化学势之差，但要注意锂离子嵌入量的不同，电位也会有所变化。

一般的电极反应为

$$Ox + ne^- \longrightarrow Red \tag{3-7}$$

其中：Ox 为氧化态；Red 为还原态。假如 Ox 的原子量或分子量为 M_w，则可计算出每一克 Ox 的容量。首先考虑电量的单位为库伦 C，因为 1C = 1A×1s，单位为 As（安培·秒），1F 为素电荷电量乘以阿伏伽德罗常数，故考虑容量的话，1F 为 96485C（素电荷电量×阿伏伽德罗常数），换算成 Ah 为 26.8Ah。由此，电极材料的理论容量为

$$C_m = 26.8n\frac{m}{M_w} \tag{3-8}$$

式中：n 为电化学反应得失电子数；m 为活性物质完全反应时的质量；M_w 为活性物质的摩尔质量。

例 3-1 金属锌常被使用于一次电池中，试计算金属 Zn 的理论容量。

解 Zn 金属用作负极时，反应为

$$Zn - 2e^- \longrightarrow Zn^{2+}$$

因为是 2 电子反应，参加电化学反应失去的电子数 $n=2$，查元素周期表可得 Zn 的摩尔质量 $M_w = 65.38g\ mol^{-1}$，代入式（3-8）得

$$C_m = 26.8n\frac{m}{M_w} = 26.8 \times 2 \times \frac{1}{65.38}(\text{Ah g}^{-1}) = 0.820(\text{Ah g}^{-1}) = 820(\text{mAh g}^{-1})$$

从电极容量式可知，原子量或分子量越小，反应电子数越多，其容量就越高。上述容量值乘以密度，就可以得到单位体积的容量（Ah cm^{-3}），所以要增大单位体积的容量，密度也很重要。

Zn 金属的密度 ρ=7.14g/cm^3，故

$$C_V = C_m\rho = 0.82 \times 7.14\text{Ah cm}^{-3} = 5.85\text{Ah cm}^{-3}$$

电池的正、负极中填入活性物质的多少，决定了电池的最大容量。一般而言，正负极是由集流体、活性物质、导电助剂和黏结剂构成的。假定电池只由正负极活性物质组成，正极活性物质容量为 a（mAh g^{-1}），正极活性物质为 x g，负极活性物质容量为 b（mAh g^{-1}），负极活性物质 y g，则 m g 电池的容量可按如下方法求得。以下两式成立

$$x + y = m \tag{3-9}$$

$$ax = by \tag{3-10}$$

求解式（3-9）、式（3-10）联立的方程组，计算得到电池的容量 $C_m = \dfrac{ab}{a+b}m$。该容量为理论值（假定电池是由正负极的活性物质构成），实际容量为理论值的 50%左右。如果负极容量 b 与正极容量 a 相比非常大，则 $b/(a+b)$ 近似等于 1，这种电池的容量几乎由正极容量决定。所以负极的容量即使增加到 10 倍，电池的容量也不可能提高 10 倍。

电池容量乘以电压可以得到能量密度。假定锂离子电池的工作电压为 E V，则电池的能量密度为

$$E_d = C_m E \tag{3-11}$$

电池容量乘以正负极活性物质各自的密度可求得单位体积的电池容量，再乘以电压，就可求得单位体积的能量密度。

2. 电池的输入和输出特性

电池充放电速率用 C 率（C-rate）表示。（注意这里的 C 不是库伦），该单位不是国际单位制（SI），而是特殊的电池用语。在 n 小时（完全）放电或充电的情形下，其速率为 $\dfrac{1}{n}$ C。输出功率密度可按下列方法求得。假定能量密度为 E_d 的电池，其在 n 小时下放电，则

$$E_p = E_d \times \frac{1}{n} = \frac{E_d}{n} \tag{3-12}$$

用于混合动力汽车电源的镍氢电池，具有优异的输入输出特性，输出功率可达 1300W/kg 左右。

电池的理论容量和理论能量密度是热力学量，同时关于输出输入特性（功率特性）属

于动力学的范畴。为了提高输入输出特性，如何降低电池的内阻是需要始终关注的课题。

3. 电池的循环特性

电池的放电反应为自发反应，但是充电反应，就需要外部给电池提供能量，几乎 100%恢复至原来的活性物质。对于一般的化学反应，99%的回收率是非常高的值，但是对于二次电池而言，如果回收率是 99%的话，则为劣化大的二次电池。如果每次充电后，99%的活性物质恢复原来的状态，则 100 次充电后

$$(0.99)^{100}=0.37$$

因此，为了实现 500 次，1000 次的充电，起码要有99.95%的效率，此时

$$(0.9995)^{500}=0.78$$
$$(0.9995)^{1000}=0.61$$

劣化主要与活性物质种类、工作温度、充放电的截止电压等因素有关。

3.2 铅蓄电池储能系统

1. 铅蓄电池的原理和特点

数字资源
3.2.1 示范案例：
典型的铅炭电池
储能电站

作为最早使用的电池，经过百余年的发展与完善，铅酸蓄电池已经成为世界上最广泛使用的化学电源之一，其具有可逆性良好、电压特性平稳、适用范围广、循环寿命长、造价低廉等优点，已经应用于交通运输、通信、电力、矿山、港口、国防等各个领域，是社会生产经营活动中不可或缺的重要产品。

铅酸电池的化学表达式为

$$（-）Pb|\,H_2SO_4|\,PbO_2\,（+）$$

其正极活性物质是 PbO_2，负极的主要活性物质是海绵状的金属 Pb，电解质是稀 H_2SO_4 水溶液。

在工作时，负极反应的化学方程式为

$$Pb+SO_4^{2-}-2e^- \underset{充电}{\overset{放电}{\rightleftharpoons}} PbSO_4 \tag{3-13}$$

正极反应化学方程式为

$$PbO_2+4H^++SO_4^{2-}+2e^- \underset{充电}{\overset{放电}{\rightleftharpoons}} PbSO_4+2H_2O \tag{3-14}$$

总电池反应化学方程式为

$$PbO_2+Pb+2H_2SO_4 \underset{充电}{\overset{放电}{\rightleftharpoons}} 2PbSO_4+2H_2O \tag{3-15}$$

铅蓄电池由正极板群、负极板群、电解液和容器等组成。极板是蓄电池的核心部

件，由耐腐蚀且有一定强度的材料制成，呈栅格网片状。充电后的正极板为棕褐色的二氧化铅（PbO_2），负极板是灰色的绒状铅（Pb），电解质为浓度为 27%～37% 的硫酸（H_2SO_4）水溶液。隔板是用来防止正负极短路的，具有耐酸特性，多细孔，便于电解液渗透。外部壳体用以盛放电解液和极板组，壳体多采用聚丙烯塑料制成。

由于正负电荷的引力，铅正离子聚集在负极板的周围，而正极板在电解液中水分子作用下有少量的 PbO_2 渗入电解液，其中两价的氧离子和水化合，使二氧化铅分子变成可离解的不稳定的氢氧化铅［$Pb(OH)_4$］。四价的铅正离子（Pb^{4+}）留在正极板上，使正极板带正电。由于负极板带负电，两极板间就产生了一定的电位差。在放电过程中，外电路接通，电流由正极流向负极，负极板上的电子不断经外电路流向正极板，这时在电解液内部因硫酸分子电离成氢正离子（H^+）和硫酸根负离子（SO_4^{2-}），两种离子分别向正负极移动，硫酸根负离子到达负极板后与铅正离子结合成硫酸铅（$PbSO_4$）。在正极板上，由于电子自外电路流入，与 4 价的 Pb^{4+} 反应生成 2 价的铅正离子（Pb^{2+}），并立即与正极板附近的硫酸根负离子结合成 $PbSO_4$ 附着在正极上。简而言之，放电过程中 Pb^{2+} 转移到电解液中，在负极板上留下两个电子（$2e^-$）。

从化学反应方程式中可以看出，铅酸蓄电池在放电时，正极的活性物质 PbO_2 和负极的活性物质 Pb 都与硫酸电解液反应，生成 $PbSO_4$，在电化学上将这种反应称为"双硫酸盐化反应"。在蓄电池刚放电结束时，正、负极活性物质转化成的硫酸铅是一种结构疏松、晶体细密的物质，活性程度非常高。充电时，正、负极形成的疏松细密的硫酸铅在外界充电电流的作用下会重新变成二氧化铅和铅，蓄电池又处于充足电的状态。

铅蓄电池是能反复充放电的二次电池，它的工作电压是 2V。在实际应用中，通常把三个铅蓄电池串联起来使用，组成电压为 6V 的电池组。例如，汽车上用的启动电源通常是 6 个铅蓄电池串联成 12V 的电池组。铅蓄电池的使用需要维护。根据反应机理，在放电时电解液的浓度不断降低，两个极板上的硫酸铅越来越多，过度放电则会在极板上形成"硫酸铅的结晶"，失去反应活性，因此在使用时需要在电量剩下 20%～30% 时及时充电，防止亏电行驶。此外，由于铅蓄电池内部一直存在微弱的自放电，长期不用会使电量严重亏损直至电池报废。而在充电时，电解液的浓度不断升高，水含量越来越少，极板的温度也在升高。过分充电容易造成电解液中"水被电解"，产生气体，电池鼓包，电极上的活性物质会脱落，降低电池的使用寿命。此外，铅酸电池的平均寿命在三年左右，需要定期进行更换。由于铅酸电池中含有大量的铅，会对环境产生较大的负面影响，因此，废旧的铅酸电池应当送至专业回收处，避免随意丢弃造成污染。

2. 铅蓄电池技术动向

除传统的铅蓄电池外，铅炭电池等新型铅酸电池技术正在研发中。该技术尝试通过改变电极材料和反应机制，提高铅酸电池的性能和循环寿命，为储能领域提供更多选择。

铅炭电池是一种融合了传统铅酸电池和超级电容器特征的混合储能装置，将活性炭材料添加到负极铅材料中，部分或全部替代传统铅酸电池负极中的活性物质，或使用泡沫碳作为负极集流体代替传统铅或铅合金集流体。电池的循环寿命取决于其电化学过程的可逆程度，而负极材料的储能能力限制了电池整体的循环寿命。在高倍率部分荷电状态下，$PbSO_4$ 化合物的溶解和沉积过程中存在可逆与不可逆两种过程。由于微小的 $PbSO_4$ 颗粒易发生溶解，电极活性物质微孔结构中的 Pb 离子浓度升高。部分 Pb^{2+} 离子形成大颗粒的 $PbSO_4$，而大粒径的 $PbSO_4$ 颗粒不易发生溶解并还原成 Pb 单质（该过程为不可逆过程）。这两种反应的占比影响了铅酸电池在高倍率部分荷电状态下的循环寿命。活性炭颗粒的加入促进了负极中活性物质充放电中可逆反应的进行，有效增加了电池的循环寿命。

与传统铅酸电池相比，铅炭电池具有以下特点：

（1）充电速度约为传统铅酸电池的 10 倍左右。

（2）循环寿命相比较于传统铅酸电池可延长 4～8 倍。

（3）铅炭电池通常具有更高的能量密度，可以在相同体积下存储更多的电能。

（4）自放电率相对较低，这意味着铅炭电池可以更长时间地保持充电状态而不会快速失去电能。

（5）铅炭电池使用的材料更可持续，同时在生产和处置阶段对环境的影响更小。

（6）能够在更广泛的温度范围内工作，具有更好的适用性。

然而，铅炭电池也有一些局限性和劣势，比如其制造成本通常较高，重量较大，深度放电能力仍相对有限，因此不适用于大功率或需要频繁快速充放电的应用场景（如调频等）。铅炭电池能量密度较低，主要适用于对储能体积、重量要求不高的场合。综上所述，铅炭电池的使用还取决于具体应用的需求和成本效益。

3. 储能用长寿命铅蓄电池

虽然铅蓄电池在比能量方面不占有优势，但其安全、价格低、使用温度范围宽、具有很好的性价比，因此铅蓄电池被认为是短期内能够满足储能需求的重要方案，其远期目标为达到 2000 次长循环。

为了选出合适的铅蓄电池，需要全面分析铅蓄电池充电和放电的需求，包括负载、输出、能源类型、操作温度以及其他系统组件的效率等。采用碳阳极替代传统铅阳极的方式延长铅蓄电池的寿命，但此方法需要将阴极中铅的含量增加数倍，因此大幅增加了电池的成本和重量。目前已经商品化的铅炭电池（100Ah）不需要维护操作，其月自放电率小于 5%，在 8h 内可充满电，并且在 80% 放电深度条件下可循环 1000～2000 次。

3.3 钠硫电池储能系统

1. 钠硫电池的原理、结构、特征

钠硫电池的化学表达式为

$$(-)\ Na|\ \beta-Al_2O_3|\ S\ (+)$$

数字资源

3.3.1 示范案例：
典型的钠硫电池
储能电站

其正极活性物质是金属 Na，负极的主要活性物质多硫化钠，电解质是可以导钠离子的 $\beta-Al_2O_3$。

在工作时，负极反应的化学方程式为

$$2Na-2e^- \xrightleftharpoons[\text{充电}]{\text{放电}} 2Na^+ \qquad (3-16)$$

正极反应化学方程式为

$$xS+2e^- \xrightleftharpoons[\text{充电}]{\text{放电}} S_x^{2-} \qquad (3-17)$$

总电池反应化学方程式为

$$2Na+xS \xrightleftharpoons[\text{充电}]{\text{放电}} NaS_x \qquad (3-18)$$

图 3-1 为钠硫电池的结构示意图，其基本结构包括正极、负极、电解质和隔膜。其中，正极通常由硫（S）材料构成，硫材料具有高容量和丰富的资源，是钠硫电池储存能量的主要部分。负极通常由钠（Na）金属构成，钠作为电解质的一部分被储存在负极。钠硫电池通常使用固体电解质，可阻止钠离子和硫离子的直接接触，并且有助于提高电池的安全性和循环寿命。钠硫电池是一种高能蓄电池，电池以 $\beta-Al_2O_3$（Na^+ 导体）为固态电解质隔膜，熔融硫（熔点 119℃）和熔融钠（熔点 98℃）分别做阴极和阳极，固体电解质将两个液态电极隔开，Na^+ 离子穿过固体电解质和硫单质反应从而传递电流。钠硫电池的工作温度为 300~350℃，开路电压为 2.076V。因此，钠硫电池在工作时正极和负极均呈液态。钠硫电池的工作原理是通过正极和负极之间的电化学反应来储存和释放能量。在充电过程中，外部电源将电流通过电解质，使钠离子从负极逐渐转移至正极，硫离子则从正极转移至负极。

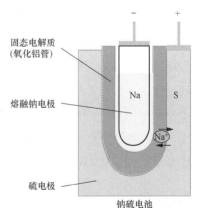

图 3-1 钠硫电池的结构示意图

在放电过程中，钠离子从正极脱离，硫离子从负极脱离，通过电解质中的电子流回到负极。这些电子的流动形成了电流，可以用来为外部设备供电。值得注意的是，钠硫电池的工作温度须维持在 300~350 ℃，电池工作时需要采用高性能的真空绝热保温技术。然而在高温下电极的腐蚀性也会显著加剧，在冻融循环中，热膨胀系数的变化也会导致机械应力的产生，机械应力的变化可能会造成密封零件基电池隔膜的破坏。因此，为了最大限度地降低这种风险，必须避免电池的冻融循环。

钠硫电池的发展方向包括提高循环寿命、提高能量密度、解决安全性问题、降低成本，以及推动系统集成与规模化应用，这将进一步推动钠硫电池技术的发展和商业化应用。

例 3-2 电化学储能系统中钠硫电池的储能总放电量为 2.5kWh，总充电量为 3kWh，储能单元放电和充电过程辅助设备的能耗分别为 0.24kWh 和 0.18kWh，试问该电池的能量转换效率为多少？

解 根据电化学系统能量转换效率公式，有

$$\eta_{ESU} = \frac{E_D - H_D}{E_C + H_C} \times 100\% = \frac{2.5 - 0.24}{3 + 0.18} \times 100\% = 71.07\%$$

2. 钠硫电池储能系统

钠硫电池具有高达 100Wh/kg 的能量密度，同时具有深度放电达 5000 次的优良循环性能。储能系统用钠硫电池可应用于负荷平衡、应急电源以及不间断电源等。目前钠硫电池主要用于电网削峰填谷、大规模新能源并网、改善电能质量等领域。1997 年 3 月，TEPCO（东京电力公司）在津岛（Tsunashima）变电站建立了用于负载平衡的 6MW 钠硫电池系统，该系统放电容量为 48MWh，相当于变电站额定功率的 20%。钠硫电池已成功应用于风力发电，用于稳定输出。

日本碍子株式会社设计有多种钠硫电池储能电池包，其中 2015 年发布的最新集装箱式成套设备可在工厂提前将所有电池和控制装置安装到集装箱内，然后直接运到施工现场。只需将集装箱摆放、堆叠并相互连接，就可在现场完成施工。与传统的现场组装套件相比，这大大缩短了设计和施工周期。此类储能系统可安装于环境恶劣的地区，如高温、沙尘环境中。在实际系统设计中，这种 200kW 的集装箱式成套设备的单个单元或多个单元串联成一个电池单元，最后连接到控制系统中。2015 年，日本碍子株式会社的 NaS 钠硫电池储能系统已经交付九州电力公司丰前发电厂使用，其输出功率为 50MW，额定容量约为 300MWh，相当于约 30000 个普通家庭的日用电量。

数字资源

3.4.1 示范案例：典型的液流电池储能电站

3.4.2 实验：液流电池充放电循环实验

3.4 氧化还原液流电池储能系统

1. 氧化还原液流电池原理和特点

氧化还原液流电池是一种用于储能系统的典型二次电池，可将化学能直接可逆地转化为电能。液流电池中使用的电解质通常储存在罐中，并且

通常通过反应器的电池（或多个电池）泵送，因此，液流电池可以通过更换电解液来快速充电（以类似于为内燃机重新填充燃料箱的方式），同时回收用过的材料进行充电。液流电池可产生的总电量取决于罐中电解液的体积。

氧化还原液流电池的基本原理为：放电时，在负极中，还原剂在电解质中发生氧化反应，释放电子并转化为离子。在正极中，氧化剂在电解质中发生还原反应，吸收来自氧化半电池的电子并转化为离子。氧化还原液流电池的两个半电池之间的电解质在电极间对离子进行传输。在正极和负极中间还存在离子交换膜，它能够允许离子通过，但阻止电子的流动，因此可以保持两个半电池之间的电路分离，但允许离子流动以维持电池的电荷平衡。以放电过程为例，电解质中带正电荷的离子从负极流向正极，同时，电子从氧化半电池流向还原半电池，经过外部电路并产生电流，驱动外部设备或储存电能（见图 3-2）。

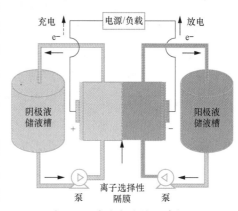

图 3-2　液流电池的工作机理

目前，最常用的氧化还原液流电池可根据其中发生的化学反应分为两类，即全钒液流电池和锌溴液流电池，下面将对两种液流电池的反应原理和特点进行介绍。

（1）全钒液流电池。

在全钒液流电池中，正、负电解溶液分别储存在两个储液槽中，由于钒能够以四种不同的氧化态（V^{2+}、V^{3+}、VO^{2+} 和 VO_2^+）存在于溶液中，因此钒在两个隔室中都参与氧化还原反应。正极和负极的反应方程如下所示。

正极

$$VO_2^+ + 2H^+ + e^- \underset{充电}{\overset{放电}{\rightleftarrows}} VO^{2+} + H_2O \tag{3-19}$$

负极

$$V^{2+} - e^- \underset{充电}{\overset{放电}{\rightleftarrows}} V^{3+} \tag{3-20}$$

总反应方程式为

$$VO_2^+ + 2H^+ + V^{2+} \underset{充电}{\overset{放电}{\rightleftarrows}} VO^{2+} + H_2O + V^{3+} \tag{3-21}$$

在正极中，钒的最高氧化态是五价钒（V^{5+}），它存在于溴酸钒（VBr_5）溶液中。放电时，钒从五价态（V^{5+}）转化为四价态（V^{4+}）。

在负极中，钒的最低氧化态是二价钒（V^{2+}），存在于硫酸钒（VSO_4）的溶液中。负极中的钒从二价态（V^{2+}）转化为三价态（V^{3+}），同时将电子释放到电路中。

全钒液流电池中的电极不含有活性物质，电极仅仅是提供电极表面作为反应的催化剂，其本身不参与氧化还原反应，而是通过多孔表面为电解液提供反应的场所。电极是液流电池中的核心部件，在为溶解于电解质中的氧化还原反应提供活性位点方面提供着重要作用。

全钒液流电池具有高耐久性和可重复充放电的特点，其能量转换效率为 70%～80%，因此在储能系统和可再生能源集成中具有广泛的应用前景。这种电池的主要优势之一是循环寿命非常长，这主要是因为钒的氧化态变化不会导致电池的结构破坏。

（2）锌溴液流电池。

锌溴液流电池通常被称为最具代表性的混合液流电池。电解液为溴化锌水溶液，将其储存在两个储液罐中，然后泵入堆栈。充电时，正极中 Br^- 发生氧化反应生成 Br_2，Br_2 被电解液中添加的络合剂捕获后富集在密度大于水相电解液的油状络合物中，沉降在正极电解质溶液储罐的底部，减少了溴的挥发；负极 Zn^{2+} 发生还原反应，生成单质锌，沉积在阴极板表面。放电时，开启油状络合物循环泵，将含有溴单质的油水两相混合物输送进入电池正极，发生还原反应生成 Br^-；负极表面的金属锌发生氧化反应生成 Zn^{2+} 而溶出。电池正极和负极的反应方程如下。

正极

$$Br_2 + 2e^- \underset{\text{充电}}{\overset{\text{放电}}{\rightleftarrows}} 2Br^- \tag{3-22}$$

负极

$$Zn - 2e^- \underset{\text{充电}}{\overset{\text{放电}}{\rightleftarrows}} Zn^{2+} \tag{3-23}$$

总反应方程式为

$$Br_2 + Zn \underset{\text{充电}}{\overset{\text{放电}}{\rightleftarrows}} Zn^{2+} + 2Br^- \tag{3-24}$$

锌溴液流电池的工作电压为 1.6V，理论能量密度为 419Wh/kg，是铅酸电池理论质量能量密度的 1.66 倍，实际质量密度可达 60Wh/kg，是铅酸电池的 2～3 倍。锌溴液流电池的电流密度一般很低，只有几十毫安每平方厘米。在运行过程中，溴被螯合并储存在油相中，由于络合相的比重不同，油相仍与电解液的水相分离。此外，虽然锌溴液流电池可实现 100%的放电深度，但需要每隔几天放电一次，以防止枝晶生长刺穿隔膜造成短路，并且在运行电解液泵时，需要定期清除电池板上的锌。

总体而言，液流电池的优点主要分为三个方面。①循环次数多，使用寿命长：一般全钒液流电池的使用寿命可达 15～20 年，充放电循环次数为 1 万次以上。②安全性好：由于电解质溶液为水溶液，不易燃，因此其不会着火也不会爆炸。③功率和容量相互独立，可拓展性好：液流电池的功率和能量不相关，储存的能量取决于储存罐的大小，容量由电解液的浓度和体积决定，因此容量可达兆瓦级。此外，可以通过增大电堆功率和增加电堆数量来提高功率。然而，液流电池在运行过程中对环境温度要求较高，同时需要外部的泵来维持电解液的流动，因此其损耗较大，能量转换效率与抽水蓄能相近，为 70%～75%。此外，全钒液流电池的能量密度较低，仅为15～20Wh/kg。由于液流电池能量密度低，占地面积大，全钒液流电池适用于建设在对占地要求不高的新能源电厂附近，用于跟踪计划发电、平滑输出等提升可再生能源发电接入电网能力，参与系统调峰、调频。

2. 氧化还原液流电池储能系统

20 世纪初期，氧化还原液流电池的概念由物理学家瓦尔特·能斯特（Walther Nernst）于 1897 年首次提出。然而，在这个时期，实际的应用非常有限，主要用于实验室研究。21 世纪初，氧化还原液流电池的商业应用开始出现。钒液流电池成为首批商业化的氧化还原液流电池储能系统之一。全钒电池自 20 世纪 80 年代起便取得了商业化成果，其中有名的是日本的南青池（Minami Hayakita）变电站，额定功率为 15MW，发电量为 60MWh，由住友电工于 2015 年北海道电力公司建造。

氧化还原液流电池储能系统主要用于储能和电网应用，其具有抗波动和长寿命的优势。近年来，氧化还原液流电池的研究和发展进一步加速，吸引了大量的投资和创新。研究人员致力于提高系统的能量密度、降低成本、提高效率，并探索新的电解质和材料选择。相比较于锂离子电池，氧化还原液流电池储能系统具有更长的循环寿命、更好的可拓展性、更高的安全性和高温性能，以及更低的自放电率。因此，氧化还原液流电池已经成为能源存储领域的研究热点。

3.5　锂离子电池储能系统

1. 锂离子电池原理、种类

以最常见的商用锂离子电池系统为例，其化学表达式为

$$(-)\,C|\,LiPF_6-EC-DMC|\,LiCoO_2\,(+)$$

数字资源
3.5.1 拓展阅读：锂离子电池材料研究现状
3.5.2 拓展阅读：锂离子电池失效机理
3.5.3 示范案例：锂离子电池储能电站
3.5.4 实验：锂离子电池阻抗谱测试实验

其正极活性物质是层状结构（如 $LiCoO_2$、$LiMnO_2$、$LiNiO_2$），尖晶石结构（$LiMn_2O_4$）和橄榄石结构（如 $LiFePO_4$），负极的主要活性物质主要包括金属锂（Li）、插入型负极材料（石墨、钛酸锂等）、转换型负极材料（M_xO_y：Mn、Ni、Co、Fe 等）以及合金型负极材料（Si、Sn）等，电解质为有机碳酸酯体系。

在工作时，负极反应的化学方程式为

$$Li_xC_6 - xe^- \underset{\text{充电}}{\overset{\text{放电}}{\rightleftharpoons}} 6C+xLi^+ \tag{3-25}$$

正极反应化学方程式为

$$Li_{1-x}CoO_2+xLi^++xe^- \underset{\text{充电}}{\overset{\text{放电}}{\rightleftharpoons}} LiCoO_2 \tag{3-26}$$

总电池反应化学方程式为

$$Li_{1-x}CoO_2 + Li_xC_6 \underset{\text{充电}}{\overset{\text{放电}}{\rightleftharpoons}} LiCoO_2 + 6C \qquad (3-27)$$

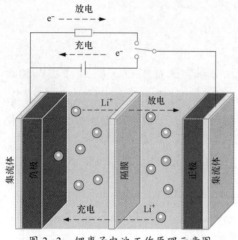

图 3-3　锂离子电池工作原理示意图

锂离子电池的主要结构包括正极、负极、电解质和电池外部包裹的封装材料，其中，正极和负极材料可以嵌入和脱出锂离子（Li^+）。锂离子电池工作原理如图 3-3 所示。

在充电时，在电池内部的 Li^+ 从正极脱出，经过电解质转移到负极表面并嵌入负极材料中，同时电子（e^-）在外部电路中从正极移动到负极以实现电荷平衡。在放电时，嵌入负极的锂离子脱出到电解质中，转移到正极表面并嵌入正极，同时，电子通过外电路从负极转移到正极中。

（1）正极材料。

正极作为锂离子电池的核心部件之一，充放电过程中不仅需要提供可以在正负极间可逆脱嵌的锂离子，还需要提供为了在负极表面形成固态电解质界面膜（SEI 膜）所需的不可逆的锂。除了对可脱出的锂离子含量高的基本要求外，理想的锂离子电池正极材料还应具备以下的性能要求：①较高的氧化还原电位（电压高）；②相对分子量小，能够容纳充分的锂（比容量较高）；③对 Li^+ 的嵌入脱出可逆性好，结构变化小（循环寿命长）；④锂离子扩散系数和电子导电性高（低温、倍率特性好）；⑤良好的热稳定性（高温循环性和安全性好）；⑥化学稳定性和电化学稳定性好，工作过程中不与电解质发生副反应；⑦资源丰富，环境友好，生产和制造工艺相对简单（环保且成本低）。

一般衡量正极材料的关键性能指标包括：化学成分、晶体结构、粒度分布、振实密度、pH 值、首次充放电比容量、首次充放电库伦效率、循环寿命等。经过数年的研究和探索，目前，锂离子电池使用的正极材料主要结构分为三种：层状结构（如 $LiCoO_2$、$LiMnO_2$、$LiNiO_2$）、尖晶石结构（$LiMn_2O_4$）和橄榄石结构（如 $LiFePO_4$）。

对于锂离子电池，通常根据其使用的正极材料种类进行划分，分为磷酸铁锂电池、钴酸锂电池、三元电池等。其中，钴酸锂电池是最早使用的锂离子电池，目前广泛使用在小型便携设备，如智能手机和笔记本电脑中。磷酸铁锂电池相比较于其他两类电池具有更好的安全性能和循环寿命，常应用于电动汽车及储能系统。三元正极的电池具备更高的比能量，具有良好的倍率放电能力和低温放电性能，但相比较于磷酸铁锂电池容量衰减较为严重。

（2）负极材料。

负极材料是锂离子电池中的另一个主要的储锂载体，对电池的能量密度、充放电特性和制造成本都起到了决定性的作用。通常，对于锂离子电池的负极特性有以下的要求：①氧化还原电位低，满足电池的高输出电压；②可以确保大量的 Li^+ 可逆的嵌入和脱出（可逆容量大）；③结构稳定、形变小（循环性能好）；④化学稳定性好，不与电解液发生副反应；⑤电化学稳定性好，循环过程中放电平台保持稳定；⑥较高的电子电导率和离子电导率（低温、倍率性能好）；⑦主体材料具有良好的表面结构，可以形成良好的 SEI 膜；⑧材料价格和加工成本具有经济性；⑥环境友好、无污染。

根据储锂机理分类，锂离子电池的负极材料主要包括金属锂（Li）、插入型负极材料（石墨、钛酸锂等）、转换型负极材料（M_xO_y：Mn、Ni、Co、Fe 等）以及合金型负极材料（Si、Sn）等。

（3）电解质。

电解质的主要作用是在正极与负极之间传输离子以传导电流。另外，电解质在电池的充放电过程中通常可以在电极表面生成固态电解质钝化层，进而会大幅影响电池的循环稳定性和倍率性能。同时，由于电解质是锂离子电池不可或缺的重要组分，且占有较大的质量比，所以电解质也决定了电池的能量密度和安全性能。对于在锂离子电池中使用的电解质，一般要求兼具良好的化学稳定性和电化学稳定性，比如高介电常数、高离子电导率、优良的锂盐溶解能力、良好的 SEI 膜成膜能力以及宽电化学窗口等。电解质可以根据其状态进行分类，主要分为液态电解质、固态电解质和凝胶电解质三类。

在实际生产中，也会根据电池的构造将锂离子电池分为圆柱电池、方形电池和软包电池等。通常，根据实际使用的需要，圆柱电池主要用于便携式电子设备、电动工具及电动自行车中，方形电池主要用于笔记本电脑、电动汽车和储能系统中，软包电池具有柔性较高的包装，可以根据实际使用对空间的要求进行设计，可用于电动汽车、便携式电子设备、航空航天设备及储能系统中。

例 3-3　一般石墨负极的理论容量 a 为 372mAh g^{-1}，假定正极的理论容量 b 为 200mAh g^{-1}。

（1）试计算此时电池比容量。

（2）如果采用锂金属作负极，而正极容量不变，试计算此时电池比容量。

解　（1）假定电池总质量为 m g，根据式（3-9）、式（3-10）可以解得，此时电池的容量 $C_m = \dfrac{ab}{a+b}m$，则比容量

$$C_1 = \frac{C_m}{m} = \frac{ab}{a+b} = \frac{200 \times 372}{200+372} \text{ mAh } g^{-1} = 130.1 \text{ (mAh } g^{-1})$$

（2）将石墨换成金属锂，则有

$$C_2 == \frac{200 \times 3680}{200 + 3680} \text{ mAh g}^{-1} = 189.7 (\text{mAh g}^{-1})$$

可以看出，负极的容量虽然增加了 10 倍以上，但电池容量只增加了 46%。电池与电子器件不同，它是基于化学反应的器件，因此 46% 的增加是一个非常大的值。由此可知，为了大大提高电池的容量，需要同时提高正负极的容量。

例3-4 电池中储存的电能是由电池的电压和容量决定的。通过理解电池内发生的反应，可计算电池的能量密度。假定正极和负极分别采用 $LiCoO_2$ 和石墨，试计算制作 1Ah 电池所需要的正极和负极的重量。

解 $LiCoO_2$ 和石墨放电的化学反应方程式分别如式（3-25）、式（3-26）所示，其中实际情况下，$LiCoO_2$ 中只有一半的 Li 可以被正常利用，而 6 个石墨分子结合一个 Li^+。

根据式（3-8），有

$$m = \frac{M_w C_m}{26.8n}$$

则钴酸锂用量为

$$m_1 = \frac{M_{w1} C_m}{26.8 n_1} = \frac{97.88 \times 1}{26.8 \times 0.5} = 7.30 (\text{g})$$

石墨用量为

$$m_2 = \frac{M_{w2} C_m}{26.8 n_2} = \frac{12.01 \times 1}{26.8 \times 1/6} = 2.69 (\text{g})$$

正极和负极的合计重量为

$$m = m_1 + m_2 = 7.30 + 2.69 = 9.99 (\text{g})$$

2. 锂离子电池重要技术指标

（1）安全性能。

随着正负极材料的工艺优化及性能改善，电池能量密度不断提升，电动汽车的里程数不断提高，目前世界范围每年都会发生大量与锂离子电池相关的安全事故，锂离子电池的安全问题越来越受到广泛的关注。锂离子电池的安全隐患主要体现在以下几个方面：

1）过热和热失控。如果电池内部出现故障，如短路或过充，可能会导致电池过热，甚至引发火灾或爆炸。

2）物理损坏。锂离子电池如果受到物理损坏或撞击，可能会导致内部短路或电池破裂。因此在遭遇剧烈挤压、穿刺或撞击时容易引发热失控。因此，电池通常需要受到适当保护，如使用外壳或包装，以减轻物理损伤的风险。

3）过充和过放。过充可能导致电池内部的电解质分解和热量释放，使电池过热导致火灾或爆炸。过放则可能造成电池结构损坏，引发电池性能下降。此方面的预防措施需使用电池管理系统（BMS）来监测和控制充电和放电，确保电池在安全范围内操作。

此外，合适的充电器和充电条件也很重要。

4）电解液泄漏。由于目前商业化电池中主要使用的是含有高腐蚀性和有毒有害的液态电解质，通常采用低燃点的碳酸酯类溶剂和高活性的锂盐配置，遇明火后易燃。因此，电解液的泄漏会带来严重的安全隐患。

5）充电和使用环境。使用不合格或不适当的充电器和充电设备可能会导致过充、不均匀的充电和电池性能下降。并且电池在充电和使用过程中，可能会产生发热现象，所以应当使用制造商配备的充电设备，并保持电池处于可以散热的条件下，以避免其可能造成的安全隐患。

目前普遍使用的安全性测试项目可以分为四类，见表 3-1。表中的各类测试是在实际使用中可能出现的情况，以及对锂离子电池的安全性产生威胁的各类外部条件，如针刺试验模拟的是电池内部短路的情况，过充测试模拟的是保护电路板失效的情况，减压测试应对的是真空运行时的情况。不同测试的难度存在差异，如环境测试通常比其他类型的测试更容易通过。此外，锂离子电池的容量对电池的安全性也存在影响，在同一测试项目中，电池容量越高，越容易出现安全问题。

表 3-1 　　　　　　　　　　　　　锂离子电池的安全性测试项目

项目	主要测试
电学方面	过充，过放、室温、高温外电路断路等
力学方面	跌落、挤压、针刺、震动、撞击等
热学方面	燃烧喷射、热冲击等
环境测试	高空试验、热循环、浸水试验、减压测试、湿度试验等

（2）长寿命性能。

锂离子电池的使用寿命是衡量其性能的重要指标。影响锂离子电池循环寿命的影响因素较多，主要分为机械诱发、化学诱导、电化学诱导和电化学—力学耦合诱发等。锂离子电池的失效原因见表 3-2。

表 3-2 　　　　　　　　　　　　　锂离子电池的失效原因

失效形式	失效原因
机械	包装结构失效
化学	静置期间发生的副反应、受温度影响的速率和化学状态变化
电化学	由充电、放电引发的副反应
电化学—力学耦合	循环过程中材料体积变化引起的衰减

电池的寿命可以分为日历寿命和循环寿命。日历寿命表示在给定温度和电池荷电状态（SOC）下电池静置时的理论寿命；循环寿命主要与电池在充电—放电过程中的电池老化相关。例如，在实际使用中，人们希望电池在寿命终止之前能够循环 1000 个周期，

通常使用电池在使用起始阶段的一些性能衰减来定义电池的寿命，称为循环寿命。然而，需要注意的是，电池即使在不使用的情况下也难以避免电池内部的化学反应，因而造成其中化学物质的衰减，影响电池的放电能力。对于大部分时间处于储存状态下的电池，例如用于不间断电源的备用电池，其使用寿命通常取决于在给定温度和电池充电状态下的静置时长，此时需要用日历寿命对此类电池进行衡量。

老化测试的目标即尽可能在较短的时间内表征电池的退化机制，压缩测试所需的时间，并在给定老化数据后，使用寿命预测模型推断电池随时间推移而产生的性能变化。例如，通过 6 个月内老化测试的循环结果推断 5 年或 10 年后电池的性能衰减状况。

（3）快速充电性能。

电池的快速充电性能又称倍率性能，即电池在大电流密度下快速充电的能力。电动汽车、可再生能源和智能手机等的迅速发展，对锂离子电池的快速充电性能提出了更高的要求。锂离子电池在快速充电方面具有潜力，但要实现高效的快速充电，需要考虑以下几个方面。

1）电极材料：电极的导电性、离子扩散性能、容量和稳定性等特性都会直接影响充电速度。正极和负极材料的导电性和离子扩散性能对快速充电性能至关重要。较高的导电性能可以促使电池中的电子更快地流动，从而实现更快的充电速度，而较好的离子扩散性能可以使锂离子更快地进入和离开电极材料。此外，电极材料的容量和反应活性也对充电速度产生影响。具有较高容量和更多活性位点的电极材料可以存储更多的锂离子，有利于电池在更短时间内完成充电。

2）电解质和隔膜：在锂离子电池中，电解质主要负责正负极之间锂离子的传输，同时，由于电解质会在电极表面分解形成 SEI 膜，电解质对锂离子在电解质与电极之间的输运产生重要影响。电解质的锂离子电导率和电极界面的阻抗对电池的快速充电性能也会产生重要影响。此外，对隔膜表面进行包覆有利于优化电解质—电极界面，为锂离子电池提供良好的快速充电性能。

3）电池温度：较高的温度通常有助于提高充电速度，但过高的温度会造成电极界面的副反应，影响 SEI 膜的稳定性，进而造成电池寿命的衰减。同时，电极在锂离子嵌入和脱出过程中会发生体积变化，结合高温下电解质反应速度的快速提升，电极的结构稳定性也会受到影响。

4）电池管理系统（BMS）：BMS 可以监测和控制电池的充电过程，确保安全并提高充电效率，较高级的 BMS 可以优化充电策略以提高快速充电性能。

在电池的研发过程中，通常需要采用以下方式衡量电池的快速充放电能力。首先是充电速率测试：通过测量不同充电速率下的电池充电时间和容量，可以直接评估其快速充电性能。此外，还需要使用循环伏安测试和交流阻抗谱测试，研究电极材料和电解质在快速充电条件下的行为，以及电极界面阻抗对充电速率的影响。同时，可以在不同温度下测试电池的充电性能，以确定最佳温度范围。而循环寿命测试也是重要的评估方法，通过测试在不同电流密度下电池的循环寿命以确定是否需要牺牲寿命来实现更快的充电速度。最后是电池内部的温度监测，通过在充电过程中监测电池内部的温度分布，以确保充电过程的安全性。

优化电极材料的性能，特别是针对快速充电的需求，通常涉及材料工程和设计相关研究。研究人员努力寻找具有较高导电性、离子扩散性能和稳定性的新型电极材料，并通过纳米结构、涂层、多孔结构等方式改进电极设计，以提高充电速度。此外，通过优化电池管理系统和充电协议，可以更好地控制充电过程，在实现更快速充电的同时保持电池的安全性和寿命。

（4）低温工作性能。

在锂离子电池的实际应用中，低温工作性能是不可忽略的重要评价标准。我国幅员辽阔，纬度范围自 3°51′N 至 53°33′N，在冬天来临时有广袤的区域会处于 −20～30℃ 的极端环境。而作为已经深入渗透千家万户的能源储存设备，如果无法解决锂离子电池在低温下放电能力大幅衰退的问题，将严重影响人们的正常生活和生产。

锂离子电池的低温性能主要受液态电解质的影响，电解质不仅决定了离子在两个电极间的传输，而且强烈影响负极表面形成的 SEI 膜的性质。随着温度逐渐降低，电解质溶液的锂离子电导率持续下降，导致电极表面的极化现象显著提升，同时促进锂枝晶的生长。在降低至一定温度后，电解质会由液态转变为固态，造成电解质电导率的突跃式下降，同时电极界面阻抗大幅提升，严重影响电极—电解质界面的锂离子传输。针对上述问题，目前对于低温电池电解质的改性主要可分为三个方向：在电解质中加入低温添加剂，使用其他新型锂盐，以及对溶剂组分进行优化。

综上所述，电池的低温特性受到电解质和电极材料的共同影响，开发低温适用的锂离子电池时需要进行综合考虑和统筹安排，并且，对充放电过程的控制也不可忽略。改善电池的低温性能仍是目前电池领域的重要研究方向。

3. 锂离子电池储能系统

目前，在世界范围内，采用锂离子电池作为储能设备已经得到了广泛应用，其应用方式和应用路线根据各国的实际需求而进行适配。相比较于其他储能方式，锂离子电池在供电系统中可以提供更高的灵活性，可进行小规模安装，减少地理和环境的限制。锂离子电池的功率范围很宽，可从 1kW 拓展至 100MW，能够以高充放电倍率运行，并具有长循环寿命。我国作为能源大国和锂离子生产大国，自 2010 年起已经在山东、宁夏、广东、湖南、内蒙古、湖北、江苏、青海和安徽等地建立起锂离子储能系统，成功用于削峰填谷、提高电网中新能源引入能力等。截至 2022 年年底，全国新型储能装机中锂离子电池储能已占比 94.5%。国内多家锂离子企业已经掌握了规模化储能锂离子电池系统技术，其中比亚迪、宁德时代、中航锂电、珠海银隆等企业参与的 40MWh 磷酸铁锂和钛酸锂系统的锂离子储能电站示范项目，在张北国家"风光储输示范工程一期项目"中实现应用。

在未来的锂离子电池储能系统发展中，主要将从以下几方面持续发展。

（1）安全性。相比较于消费类电池（Wh）和动力电池（kWh）体系，规模储能系统（MWh）中电池单体的数量大幅增加，且分布集中，一旦发生安全问题，其破坏力将会在短时间内发生数量级的放大。单体电池热失控导致连锁反应，造成大面积电池热失控的同时，会释放大量的有毒有害组分，进而对附近的人员造成严重的安全隐患，同时对环境造成巨大的二次破坏。因此，为了能够更好地将锂离子电池储能系统应用于各种复杂环境中，各国电池制造商将开发高安全的锂离子电池作为储能技术方面的重点研究对象，也是目前锂离子电池研究的热点和前沿领域。

（2）长寿命。对于储能需求而言，尽管锂离子电池已经展现出优异的充放电循环稳定性，但是相比较于液流电池等，其循环寿命仍相对有限。进一步开发循环寿命超万次的锂离子电池是未来储能电池领域的重点研究方向。

（3）低成本。与消费类电池和动力电池相比，储能用锂离子电池对价格更为敏感。储能用锂离子电池的成本主要分为两部分：硬件成本和运营成本。硬件成本包括电池组、控制系统和配套设备等，一般电池组的成本占整个系统成本的 50% 以上。运营成本包括维护、保养和管理等费用。目前锂离子电池组的成本在 500～800 美元/kWh 之间，但随着技术的不断发展和大规模生产的推广，成本将不断降低。

3.6　电池能源系统综合分析

数字资源
3.6.1 实验：储能电池热安全实验

根据铅酸电池、钠硫电池、液流电池和锂离子电池储能技术的应用和自身特点，将各电池的主要特点列于表 3-3 中。

（1）铅酸电池技术成熟、成本低廉，已广泛应用于电力系统，但其循环寿命低、能量密度低，在制造过程中存在一定的环境污染，因此其在电力系统中的大规模应用受到限制，适合分布式发电系统。

（2）钠硫电池技术成熟度高、能量密度高、占地面积小、循环寿命长，在电网中有大量运行的经验（尤其日本和美国），随着商业化的进一步推进，在电力系统中有广泛的应用前景，尤其是在土地紧张的城市电网储能系统中的运用。但是，钠硫电池的循环寿命受放电深度的影响较大，且随着使用年限的增加，效率降低。

（3）液流电池储能技术成熟度高，有大量的运行经验但其能量密度较低，占地面积大，在一定程度上制约了其在电力系统中的广泛应用，尤其不适用于占地面积紧张的城市大容量储存系统。

（4）锂离子电池储能的能量密度高，循环寿命长，系统能量效率高，在电网中有着广泛的应用场景。

表 3-3   各 电 池 主 要 特 点

储能种类	铅酸电池	钠硫电池	液流电池	锂离子电池
容量	十兆瓦时	百兆瓦时	百兆瓦时	百兆瓦时
功率	十兆瓦	十兆瓦	十兆瓦	百兆瓦
能量密度/（Wh/kg）	40~80	150~300	12~40	100~300
功率密度/（W/kg）	150~500	22	50~100	1000~3000
循环次数	500~2000	4500	>15000	2000~10000
寿命	5~8 年	15 年	>20 年	10~20 年
效率	70%~90%	75%~95%	75%~85%	>90%
投资成本（元/kWh）	800~1300	约 4000	800~2000	2500~4000
优势	成本低、价格低廉	能量密度高、效率高	循环寿命长、安全性好	能量密度高、效率高
劣势	能量密度低、寿命短	高温运行、安全性较差	能量密度低、效率低	安全性差

电化学储能可广泛应用于发电侧、电源侧和用户侧。相比于其他储能类型，电化学储能适配于用户侧的不同使用场景需求，主要场合有峰谷电价套利、提高自建光伏发电的利用率和保障电网运行的稳定性等。

思 考 题 与 习 题

3-1 铅蓄电池相比较于其他几种二次电池优势体现在哪些方面？

3-2 对于钠硫电池，主要需要解决的问题是什么，并思考可以通过哪些手段来解决这些问题？

3-3 氧化还原液流电池主要有哪几种，分别写出其反应方程式。

3-4 氧化还原液流电池相比于其他几种二次电池的优势和劣势有哪些，试分析在怎样的条件下更适于使用液流电池作为储能设备。

3-5 列举锂离子电池常见的正极材料种类，锂离子电池对正极的要求有哪些？

3-6 计算金属锂的克容量。

3-7 锂离子电池的电解质应满足哪些特点？

3-8 电池额定容量为 2000mAh，正极为钴酸锂，克容量 138mAh g^{-1}，负极为中间相碳微球，克容量为 305mAh g^{-1}。求正极活性物质的用量 m_1 和负极的活性物质用量 m_2。

3-9 对于电池安全性能可以从哪几方面进行提升？试分析电池热失控过程。

3-10 电池的循环寿命主要受到哪几个方面的影响，分别描述各种影响作用的机理。

3-11 电池的快速充放电性能主要与电池的哪些组成有关，可以通过怎样的手段对电池的快速充放电性能进行评价。

3-12 试分析在低温条件下电池放电容量大幅下降的原因是什么？

3-13 试分析储能用锂离子电池的发展趋势。

第4章

燃料储能技术

随着化石能源的逐渐枯竭，开发清洁且可持续的新能源已成为全球关注的焦点。碳中和的概念，即通过植树造林、节能减排等手段抵消温室气体排放，已被广泛接受和理解。我国作为全球二氧化碳排放量最大的国家，正处于经济快速发展的关键时期，碳减排的任务仍然十分艰巨。同时，全球能源结构正在经历深刻变革，可再生能源迅速发展，但电力供应的波动性问题成为其大规模应用的主要障碍。因此，储能技术在这一背景下成为了不可或缺的关键环节。其中，燃料储能技术（例如氢储能和氨储能）等纯化学储能技术，被认为是未来超大规模储能的最具前途的方案。推动这些储能技术的发展和广泛应用，对于全球能源结构的转型以及实现碳中和目标具有重要意义，对其研究和开发的需求也愈发紧迫。

氢能作为一种绿色、无污染的能源，通过与氧气反应生成水的过程释放能量。与化石能源相比，氢能的优势在于其来源广泛、易于存储、可再生，且燃烧或反应后的唯一产物为水。进入21世纪以来，氢能的开发和利用速度显著加快，尤其是在发达国家以及化石能源匮乏的地区，氢能已经成为能源体系中的重要组成部分，广泛应用于航天、民用、交通、建筑工业、电力电网等多个领域。此外，氢气是一种重要的储能介质，通过电转气（P2G）技术，可以利用可再生能源的过剩电力制氢，并将其作为备用能源进行储存。在电力需求高峰期间，氢气可以通过燃料电池或燃气轮机转化为电能接入电网，从而提高新能源的利用率，减少弃风弃光现象，增强电网调度的灵活性和稳定性。随着氢储能系统的逐步规模化应用，未来有望实现跨季节调峰等更广泛的应用。

氨是一种具有弱碱性质的气体，其溶液可以呈碱性。氨气溶于水后形成一水合氨，而氨作为弱碱，会接受水中的质子，生成铵离子和氢氧根离子。由于水溶液中氢氧根离子的存在，溶液呈现碱性。氨也是一种极性分子，因其分子中氮原子和氢原子的电负性差异，使得氨在溶液中表现出较高的溶解度。氨分子由一个氮原子和三个氢原子组成，构成一个平面上的三角锥形结构。氮原子与三个氢原子通过共价键相连接，使得氨分子具有特定的形状和角度。氨储能系统是指利用合成氨进行能量的储存和释放，氨储能属于化学储能。该系统能够将由太阳能、风能等可再生能源产生的电能转换并以氨的形式存储，应用时以热能、电能等形式进行释放，具有储存方便、安全性可靠、成本低廉等优势，在应对当今全球气候问题和能源问题等挑战时能够发挥重要作用。

4.1 氢 的 制 取

数字资源

4.1.1 拓展阅读：甲烷重整制氢工艺流程

4.1.2 拓展阅读：当前绿氢发展现状及未来展望

4.1.3 实验PEMFC单电池的组装与测试实验

4.1.4 实验：电解水膜电极的制备与测试

氢的制取可分为化石能源重整制氢、电解水制氢以及其他制氢方式。化石能源重整制氢包括煤气化制氢、甲烷重整制氢、重油制氢等，其中甲烷重整制氢是由天然气或甲烷通过蒸汽完成甲烷重整产生，但不捕获过程中产生的温室气体，此时制得的氢称为灰氢。如果进一步结合碳捕捉与封存技术，可以减少化石能源制氢过程 70%以上的碳排放，此时制得的氢称为蓝氢。电解水制氢是利用风能、太阳能等可再生能源制取，此时制得的氢称为绿氢，可实现从生产到消费全过程接近零碳排放。其他的制氢方式包括生物质能制氢以及光解水制氢等。目前，化石能源重整制氢由于技术成熟且成本较低，是最常见的氢气生产形式，但制氢过程碳排放较高。通过逐步替代化石能源制氢技术，并以结合碳捕集的蓝氢技术为过渡，最终实现无碳绿氢技术的应用和推广。

1. 化石能源重整制氢

在全球范围内，化石能源重整制氢（简称化石能源制氢）以甲烷重整制氢技术占主导。甲烷重整制氢工艺主要包括天然气水蒸气重整制氢（SMR），甲烷部分氧化重整制氢（POM），甲烷二氧化碳重整制氢（CDRM），甲烷三重整制氢（TRM），甲烷自热重整制氢（ATR）。其中天然气水蒸气重整制氢在工业上的应用最为广泛，世界上有超过50%的氢气来源于天然气水蒸气重整制氢，是最便宜的工业制氢来源。天然气水蒸气重整制氢工艺流程如图 4-1 所示。

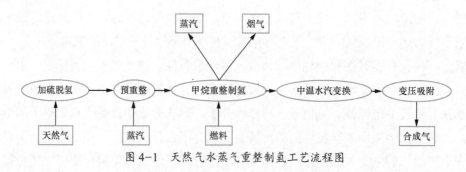

图 4-1　天然气水蒸气重整制氢工艺流程图

天然气水蒸气重整制氢分为两个阶段。第一阶段反应温度为 700～1100℃，通过镍的催化作用，甲烷和水蒸气的混合气体反应，生成氢气和一氧化碳，化学反应式为

$$CH_4 + H_2O \longrightarrow CO + 3H_2 \tag{4-1}$$

第二阶段反应温度约为 360℃，一氧化碳和水蒸气反应生成二氧化碳和氢气，化学

反应式为

$$CO + H_2O \longrightarrow CO_2 + H_2 \tag{4-2}$$

天然气水蒸气重整制氢技术分为传统天然气水蒸气重整制氢工艺（SMR）工艺和过程强化 SMR 工艺。传统 SMR 制氢流程中，脱硫天然气与水蒸气混合后被送入反应器，生成氢气和一氧化碳。同时，SMR 为吸热反应，需要大量的能量输入。由于传统 SMR 高度吸热，因此强化 SMR 工艺是最有希望的一条发展路径。过程强化 SMR 工艺即通过将各种技术（例如原位二氧化碳去除、膜技术和化学循环）与 SMR 结合来实现过程强化。因此，通过使用多功能反应器与各种应用结合的过程强化理念，可以最大限度地减少热力学限制以及传热和传质限制，获得更好的 SMR 反应器系统性能。

目前，天然气水蒸气重整制氢工艺主要应用于工厂内部需求，即直接应用于氢气生产站点。同时，其可以用于工业加热应用，如钢铁、玻璃、陶瓷和化学工艺。尽管天然气水蒸气重整制氢不是最环保的选择，但仍比传统的煤炭或天然气燃料制氢更清洁，因为其产生的氧化物排放相对较低。如钢铁工业需要大量的氢气，以减少铁矿石的还原，天然气水蒸气制氢工艺可以作为一个过渡性的解决方案，帮助降低钢铁生产的碳排放，直到更清洁的氢制取方式得到应用。

我国氢气生产中，煤制氢工艺占主导地位，但此工艺二氧化碳排放量为天然气水蒸气重整制氢工艺的 4 倍，需要进一步结合碳捕集和封存技术来降低排放量。根据国际能源署（IEA）的数据显示，煤制氢工艺结合碳捕集和封存技术后，燃料成本和资本支出分别增加 130% 和 5%。和煤制氢工艺相比，尽管天然气水蒸气重整制氢工艺碳排放量更低，但我国接近 40% 的天然气需要从国外进口，制取的成本较高。同时，天然气水蒸气重整制氢工艺的技术需要进一步研究和提升。

将化石能源重整制氢与二氧化碳捕集与封存系统（CCS）结合是灰氢制取过程实现减排的重要方法。评价 CCS 系统的标准包括碳捕集效率、碳捕集纯度、能耗、成本、安全性和持续性等，其中最重要的是碳捕集效率和捕集纯度。碳捕集纯度是指采用一定的技术手段捕集到的二氧化碳气体的纯度，它与后续的碳封存和利用密切相关。碳捕集效率是指混合气体中采用一定的技术手段捕集到的纯二氧化碳占总气体量的比值，它与所选用的捕集技术密切相关

$$\eta_C = \frac{n_{CO_2}}{N} \times 100\% \tag{4-3}$$

式中：η_C 为碳捕集效率；n_{CO_2} 为捕集到的纯二氧化碳的摩尔量；N 为总气体摩尔量。

此外，对热力学系统而言，碳捕集效率也可以用捕集到的二氧化碳与系统输入的二氧化碳量的比值表示

$$\eta_C = \frac{M_{CC}}{M_{TC}} \times 100\% \tag{4-4}$$

式中：M_{CC} 为捕获的二氧化碳的量；M_{TC} 为系统输入的二氧化碳的量。

蓝氢的生产技术主要通过重整和部分氧化技术来实现轻烃脱碳，轻烃的改造是目前最可行的大规模部署氢气生产的方法，预计会在氢经济过渡中发挥关键作用。然而，当前的碳重整和捕集技术仍存在一定的技术经济制约。一般来说，蓝氢的设备应考虑三个参数：碳捕集水平、热效率和氢气质量。其中碳捕集目标效率已快速提高至 95%，蓝氢工厂的热效率目标在高热值的基础上达到 80%，目前成熟的 CCS 技术捕获和封存二氧化碳的效率为 80%~95%，因此，仍需要进一步加大 CCS 技术的研发力度。

例 4-1 通过以下反应均可获取氢气。

太阳光催化分解水①：$2H_2O \longrightarrow 2H_2(g) + O_2(g)$

$$\Delta H_1 = 571.6 \text{kJ} / \text{mol}$$

焦炭与水反应②：$C(s) + H_2O \longrightarrow CO(g) + H_2(g)$

$$\Delta H_2 = 131.3 \text{kJ} / \text{mol}$$

甲烷水蒸气重整③：$CH_4(g) + H_2O \longrightarrow CO(g) + 3H_2(g)$

$$\Delta H_3 = 206.1 \text{kJ} / \text{mol}$$

（1）请分析反应①中主要的能量转化形式。

（2）从能量转化角度分析，反应②为_____反应。

（3）反应③如果使用催化剂，ΔH_3 将_____（填"增大""减小"或"不变"）。

解 （1）太阳光催化分解水的主要能量转化形式涉及光能到电能再到化学能的转换。太阳光能首先转化为催化剂中电子的激发能量，然后受激发的电子促使水分子分解成氢气和氧气。

（2）反应②中，一氧化碳和氢气的键能比焦炭和水的键能更高，新化学键形成所需的能量大于旧化学键破坏释放的能量，这个能量在反应中以热量的形式表现，因此该反应为吸热反应。

（3）反应③如果使用催化剂，生成物和反应物的能量差减小，因此 ΔH_3 将减小。

2. 电解水制氢

电解水制氢，也被称为可再生氢、清洁氢或绿氢，是利用可再生能源（如太阳能、风能等）对水进行电解，从而将水分解为氢气和氧气以获得氢气的过程。与传统的灰氢制取方式相比，电解水制氢有更低的碳排放和更清洁的能源来源。作为高效的能源储存和传输介质，电解水制氢可以取代石油、天然气和煤炭等传统化石燃料，减少对化石能源的依赖，实现能源供应的可持续性。电解水制氢技术主要有质子交换膜水电解（PEMWE）、碱性水电解（AWE）、阴离子交换膜水电解（AEMWE）和固体氧化物水电解（SOEC）等技术。其中，PEMWE 流程简单，能效较高，尽管使用贵金属电催化剂等材料导致成本偏高，但仍是当前最具潜力的商业化技术，而且随着技术的发展，其成本有望进一步降低。PEMWE 的原理基于水的电解反应，在正极（阳极）水分子被氧化为

氧气，反应方程式为

$$2H_2O - 4e^- \longrightarrow 4H^+ + O_2 \qquad (4-5)$$

同时，在负极（阴极）发生还原反应，氢离子和电子结合形成氢气，反应方程式为

$$4H^+ + 4e^- \longrightarrow 2H_2 \qquad (4-6)$$

整个反应的化学方程式为

$$2H_2O \longrightarrow 2H_2 + O_2 \qquad (4-7)$$

PEMWE 的主要结构包含膜电极、气体扩散层和双极板。其中，膜电极主要由阳极催化层、质子交换膜和阴极催化层构成，如图 4-2 所示。阳极催化剂促使水分解为氧气、质子和电子；质子交换膜作为固体电解质，能够有效隔绝阴阳两极生成的气体，但质子能以水合氢离子的形式通过；阴极催化剂促使氢离子反应生成氢气。气体扩散层通常由多孔介质组成，能够有效排出气体，同时使水顺利到达催化层，并且具有良好的导电性和抗腐蚀性。双极板是质子交换膜电解水设备的核心零部件，主要作用有支撑扩散层、传导气体和冷却水、传递电解电流和传导电堆产热等。双极板的电阻是影响质子交换膜电解池的一个重要因素，尤其是在高电流密度下，电解池温度升高，电阻增大，对于电解池的性能和效率有重要影响。实际应用中，质子交换膜电解槽由多个单电解池串联而成。一个电池的阳极背面与另一个电池的阴极背面通过双极板连接，可以在跨膜的高压差下操作。在电堆组装过程中需要密封垫以保证密封性，两端加装集流板和端板，端板上通常设置进出口，循环水经由进口进入后通过公共管路分配至每个单电解池参与化学反应，产生的气体汇集后，再分别由两侧出口排出。

AWE 是指在碱性电解质溶液（如氢氧化钾或氢氧化钠）中，通过施加电流分解水分子产生氢气和氧气，如图 4-3 所示。在碱性条件下，水分子中的氢氧根离子被还原为氧气，而氢离子被氧化为氢气。这两种反应分别发生在两个电极上，阳极释放氧气，阴极释放氢气。碱性电解槽隔膜为石棉膜，起分隔气体的作用。阴极、阳极主要由非贵金属材料制

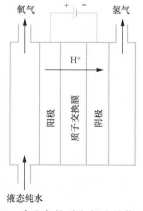

图 4-2　质子交换膜电解池结构示意图

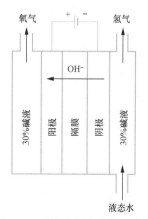

图 4-3　碱性电解池结构示意图

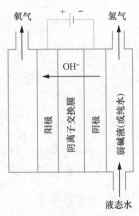

图 4-4 阴离子交换膜
电解池结构示意图

成，如镍—钼合金等，分解水产生氢气和氧气。工业上碱性电解槽的电解液通常采用氢氧化钾溶液，质量分数为 20%～30%，电解槽操作温度 70～80℃，工作电流密度约 0.25A/cm²，产生气体压力 0.1～3.0MPa，总体效率 62%～82%。碱性水电解制氢技术成熟，投资、运行成本低，但存在碱液流失、能耗高、工况难以迅速调节等问题。

AEMWE 是一种通过在阴极上还原水来产生氢气，同时在阳极上氧化水生成氧气的水电解过程，如图 4-4 所示。与传统的碱性水电解相比，AEMWE 使用固体聚合物电解质膜，该膜可以选择性地传输阴离子而阻止阳离子的传输。在电解过程中，水分子在阴极处被还原成氢气，而在阳极处被氧化成氧气，通过阴离子交换膜（AEM）可以防止阴、阳离子间的混合并实现高效的离子传输。AEMWE 将传统 AWE 与 PEMWE 的优点结合起来。AEMWE 水电解的关键部件包括 AEM、阳极和阴极。AEM 是整个系统的核心组成部分，它必须具有高的阴离子选择性和电导率。催化剂可采用与传统碱性液体水电解相近的镍、钴、铁等非贵金属催化剂，相比 PEMWE 采用贵金属铱和铂，AEMWE 的催化剂成本将大幅降低，且对双极板材料的耐腐蚀要求也远低于 PEMWE。但 AEMWE 的低离子电导率和碱性非贵金属催化剂，特别是析氢反应催化剂的动力学有限，从而导致 AEMWE 与 PEMWE 相比性能较差。此外由于 AEM 技术还不够成熟，AEMWE 的稳定性和使用寿命距离实际应用还有较大差距。

SOEC 是利用固体氧化物作为电解质，在高温条件下将水分解成氢气和氧气的电化学过程，如图 4-5 所示。这种水电解技术通常需要较高的操作温度（600～1000℃），需使用高温稳定的固体氧化物材料作为电解质。高温固体氧化物水电解的原理基于固体氧化物电解质的离子传输特性。在电解过程中，水分子在阴极处被还原成氢气，而在阳极处被氧化成氧气。氧离子通过固体氧化物电解质传输到阳极，完成水的电解反应。SOEC 电解槽电极采用非贵金属催化剂，阴极材料选用多孔金属陶瓷 Ni/YSZ，阳极材料选用钙钛矿氧化物，电解质采用 YSZ 氧离子导体，全陶瓷材料结构避免了材料腐蚀问题。高温下的固体氧化物电解质具有良好的离子传导性能，使得水电解过程具有较高效率。使用固体氧化物电解质，水电解产生的氢气通常具有高纯度，适合一些特殊应用领域。高温高湿的工作环境导致电解槽需选用稳定性高的耐衰减材料，这也制约 SOEC 制氢技术应用场景的选择与大规模推广。

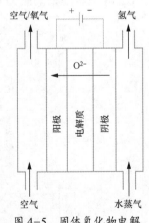

图 4-5 固体氧化物电解
池结构示意图

例 4-2　电解水制氢反应式为

$$H_2O(l) \longrightarrow H_2(g) + \frac{1}{2}O_2(g)$$

标准状态下（温度 298K，压力 1×10^5Pa）上述水为液态，氢气和氧气为气态，反应的焓为 $\Delta H_d^0(H_2O(l)) = 285.84$kJ/mol，熵为 $\Delta S_d^0(H_2O(l)) = 163.15$J/（mol·K），根据热力学第一定律，电解 1mol 水所消耗的电能（nFE）等于电化学反应过程中吉布斯自由能的变化（其中 n 为电解 1 个水分子交换的电子数目；F 为法拉第常数，96485C/mol；E 为电解槽电解电压），请计算对应的吉布斯自由能变化及标准状态下电解水的理论电压。

解　吉布斯自由能变化为

$$\Delta G_d^0(H_2O(l)) = \Delta H_d^0(H_2O(l)) - T\Delta S_d^0(H_2O(l)) = 237.22(\text{kJ/mol})$$

电解水的理论电压

$$E^0 = \frac{\Delta G_d^0(H_2O(l))}{2F} = \frac{237.22 \times 1000}{2 \times 96485} = 1.23(\text{V})$$

3. 其他制氢方式

除了上述的化石燃料制氢和电解水制氢之外，生物质能制氢以及光解水制氢等技术在近年来也受到了一定的关注。其中生物法制氢技术是通过氢化酶和固氮酶两种关键酶的催化活性将生物质中水分子与有机底物转化为氢气。与传统的化学方法相比，生物制氢有节能、可再生和不消耗矿物资源等优点。光解水制氢包括直接光解法制氢，间接光解法制氢和光催化制氢等。与其他制氢方式相比，生物质能和光解水等制氢法较为环保，但目前的技术成熟度低、产氢纯度差，仍处于实验室早期的研究阶段，无法实现大规模高纯度制氢的应用要求。

4.2　氨　的　制　取

在 20 世纪初，合成氨技术就已被成功开发出来并实现了工业化生产。根据制氨过程碳排放量的不同，氨能可以分为灰氨、蓝氨和绿氨。灰氨主要由传统化石能源（天然气和煤）制成，利用哈伯—博施法进行蒸汽重整氢气及空气分离的氮气的合成。蓝氨合成方法与灰氨相似，但在提炼过程采用碳捕集和封存技术。绿氨则是利用可再生能源发电产生的绿电电解水产生氢气，再由空气中的氮气和氢气合成氨。目前，工业上通过哈伯—博施法制备的氨多为灰氨，需以煤炭作为原料，每生产 1t 氨，会排放 2.9t 二氧化碳，但随着未来对制备蓝氨和绿氨技术的研发加速，有望实现制氨过程的零碳排放。

数字资源
4.2.1 拓展阅读：新型氨合成技术及经济性

1. 哈伯—博施法

氨气的制备和储存是氨储能技术的核心过程之一，现有的最为成熟的工业化批量制备方式通常为哈伯—博施法。该方法由德国化学家弗里茨·哈伯（Fritz Haber）于 1909 年发现，在 500～600℃、17.5～20MPa 和锇催化剂的条件下，氮气和氢气直接合成后氨含量可达到 6% 以上，其基本反应的化学方程式如下

$$N_2(g)+3H_2(g)\longrightarrow 2NH_3(g) \tag{4-8}$$

该方法后由卡尔·博施（Carl Bosch）进行了改进，使用了合适的氧化铁型催化剂，使得氨生产过程实现工业化。现有的哈伯—博施法制氨工艺流程如图 4-6 所示（以天然气制氨为例）：首先对天然气进行脱硫，通过蒸汽重整和水煤气变换过程将天然气转化为气态碳氢化合物，然后去除二氧化碳和一氧化碳，再将这些氢气与氮气结合，通过膜分离、低温蒸馏、吸收和吸附技术等进行提取，利用哈伯—博施工艺生产氨。在该过程中，存在高污染（平均每生产 1t 氨排放 2.9t 二氧化碳）、低效率（合成氨的单程转化率只能达到 10%～15%）、催化剂敏感（需要定期更换）及设备投资高（设备需要长期进行调试，同时这种集中式生产增加了氨运输和分配的成本）的缺点。哈伯—博施法制氨工艺已在化肥、农业和化工领域被广泛用于高效大规模生产氨气，但是该过程铁基催化剂易中毒（催化剂参与化学反应而失效）需要定期更换。因此，其未来发展方向应为提高反应效率和减少能源消耗，可以通过新型催化剂和反应条件的研究来实现。

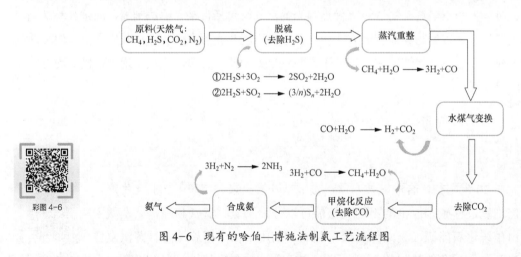

图 4-6　现有的哈伯—博施法制氨工艺流程图

对于哈伯—博施法制氨工艺的改进主要涵盖了等离子体法合成氨、循环工艺法合成氨和超临界合成氨的方向。等离子体法合成氨是一种较新的氨合成技术。这一过程通过电弧放电或其他激发气体离子的方法来实现，其中氮气和氢气被激发成离子态，形成高能量的电子，并促使氮气和氢气发生反应形成氨气。该方法能够促进反应的进行，提高反应速率，并且可以在较低的温度和压力条件下进行氨合成。但是维持高温等离子体条

件需要较大的能量输入，导致能耗较高，同时具有工艺复杂性。

循环工艺法合成氨是一种通过在氨合成过程中不断循环利用反应产物和调节条件，以提高氨合成效率的方法。循环工艺法的一个关键特点是使用活性固体催化剂，通常是铁或钼化合物。该方法可以通过不断回收和再利用催化剂，并且利用优化反应条件和持续回收未反应的气体而提高氨的产率。但是，它具有更高的工艺复杂性，需要更复杂的系统控制。

超临界合成氨通过高温高压条件将氮气和氢气置于超临界条件下，使得气体同时具有液体和气体特性。在这一过程中，气体和液体的物理性质发生变化，这可能导致反应的活化能减少，降低对于催化剂的需求，促使氨的形成。然而，在该过程中具有能耗较高和工艺控制复杂的缺点。

例 4-3　传统的哈伯—博施法合成氨需以煤炭作为原料。假设 1t 煤气化可产生 1500m³ 标准状态下的气态碳氢化合物，其中氢气占 50%。每生产 1t 氨会排放 4.2t 二氧化碳。某化肥厂计划生产 1000t 氨，使用传统的哈伯—博施法需要多少吨煤？会排放多少二氧化碳？

解　1t 煤气化产生的氢气为

$$H_2 = \frac{1500 \times 50\%}{22.4 \times 10^{-3}} = 33482.14 (mol)$$

根据反应式

$$N_2(g) + 3H_2(g) \longrightarrow 2NH_3(g)$$

理论上产生 1mol 的 NH_3，需要消耗 3/2mol 的 H_2。假设转换率为 20%，则传统哈伯—博施法合成 1t 氨所需的氢气为

$$H_2 = \frac{10^6}{17} \times \frac{3}{2} \div 20\% = 441176.47 (mol / t)(NH_3)$$

该化肥厂所需的煤炭为

$$煤炭 = \frac{1000 \times 441176.47}{33482.14} = 13176.41 (t)$$

生产 1t 氨，排放 4.2t 二氧化碳，则生产 1000t 氨排放的二氧化碳为

$$CO_2 = 1000 \times 4.2 = 4200 (t)$$

2. 其他制氨方法

除了哈伯—博施法，其他氨制备技术也受到了广泛关注，主要包括生物制氨和催化制氨两个大类。如图 4-7 所示，固氮酶合成氨是一种生物合成氨的方法，涉及氮气的固定和转化为氨气的生物过程。这一过程是由固氮酶这一

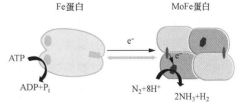

图 4-7　固氮酶 Fe 蛋白和 MoFe 蛋白催化合成氨的反应

特殊的酶催化的。固氮酶主要存在于一些固氮菌和一些植物的根瘤中，它在生物界中起着关键的氮循环作用。固氮酶合成氨的基本原理是利用固氮酶将空气中的氮气转化为氨气。这个过程涉及高度专业化的生物催化作用，其基本方程式为

$$N_2(g)+8H^++8e^-+16ATP+16H_2O \longrightarrow 2NH_3(g)+H_2(g)+16ADP+16P_i \quad (4-9)$$

该方法是一种生物合成方法，与一些化学合成方法相比，更具生物友好性，而且相对于一些工业化学合成方法，该方法通常在较容易实现的温度和压力下进行。但是，目前该方法通常需要特定的固氮菌，与一些化学合成方法相比，生物合成氨的产率可能相对较慢。因此，基于该方法的未来研究包括改良固氮细菌以提高效率，并通过生物反应器进行工业化合成。

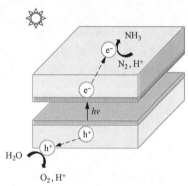

图 4-8　光催化合成氨原理图

研究者也提出了采用太阳能方法的光催化合成氨的技术路线，原理图见图 4-8。光催化合成氨是一种利用光能促进氮气和氢气发生反应，从而合成氨气的过程。这一方法通常基于光催化材料，通过吸收光能激发反应物的电子，促进氮气和氢气的结合。光催化合成氨被视为一种环境友好、能源高效的方法，与传统的哈伯—博施法相比，光催化合成氨通常在较为温和的条件下进行。但是，该方法存在光催化技术的普遍缺点，即催化剂稳定性较差和产率相对较低，需要进一步研究和改进。作为一种备受研究关注的新型氨合成方法，光催化合成氨具有潜在的环保和能源高效特性，但目前仅用于实验室研究，尚未在大规模工业应用中广泛使用，因此未来的研究方向包括寻找更高效的光催化剂并优化反应条件，以提高氨的产率和经济性。

使用催化的合成氨技术还有电催化合成氨技术，在该方法中使用了电化学方法，利用电能促进电极上催化氮气和氢气的反应而生成氨气，电化学合成氨的四种主要策略、电极和电解液设计示意如图 4-9 所示。这一方法通常基于电催化剂，通过在电极表面催化氮气和水的反应，实现氨的电化学合成。其优点是可以在较低的温度和压力下进行，降低能源消耗，并且适用于使用可再生能源供电的情况，特别是风电、光电等。而且该方法具有出色的可控性，有利于实现氨的高效合成。但是，电催化剂的稳定性是一个关键问题，需要设计并使用具有高催化活性和长寿命的材料。而且高效电催化合成氨通常需要较高的电势，因此可能导致一定的能耗。目前，该方法的反应效率和催化剂性能仍需改进，主要用于实验室研究和可再生能源领域的尝试。因为该方法的经济性尚未体现，因此未来的研究方向包括寻找更有效的电催化剂，以提高氨气合成的经济性、可持续性和反应效率。

不同的氨气制备方法各有优点和挑战，未来的研究和发展方向是重点解决效率、能源消耗和环保性等方面的问题，以推动氨储能过程中制备技术的改进和创新。

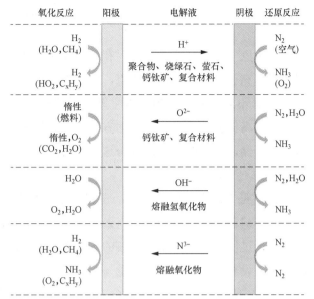

图 4-9 电化学合成氨的四种主要策略、电极和电解液设计示意图

例 4-4 结合线上查阅资料，分析生物制氨和催化制氨两种氨制备技术的优缺点，并讨论它们在实现"双碳"目标方面的积极作用。

解 生物制氨利用微生物，通过生物代谢途径将氮气转化为氨。优点包括：相对环境友好，不需要高温高压反应条件，具有较高的选择性和底物适应性。缺点在于：生产周期长、生产工艺不够成熟、产品纯度较低等。催化制氨是通过催化剂在适宜的温度和压力下，将氮气和氢气直接转化为氨气。优点包括：工艺成熟、生产效率高、产品纯度较高等。缺点在于：需要高温高压条件、催化剂选择和制备技术要求高等。在实现"双碳"目标方面：生物制氨是一种相对环保的技术，能够降低化石能源消耗，减少温室气体排放。而催化制氨虽然在能源消耗方面较高，但其高效率和高纯度的产品使其在工业生产中得到了广泛应用，可以满足能源转型和碳减排的需求。

4.3 氢 的 储 存

氢气作为一种清洁高效的能源载体受到了广泛关注，其具有能量密度较高、零碳排放、来源广泛以及可存储等诸多优点，被认为是能源转型过程中的关键因素之一。作为重要的储能介质，氢气可以通过电转气技术利用可再生能源所产生的富余电力制得，作为备用能源进行储存。目前的储氢方式主要有高压气态储氢、低温液态储氢、物理吸附储氢、金属氢化物储氢以及一些其他的储氢方式。其中，高压气态储氢由于具有过程能耗低、适应温度范围较宽、设备结构简单等特点，成为应用最为广泛的储氢方式，且将在较长时间内占据氢能储存技术的主导地位。

数字资源
4.3.1 拓展阅读：
高密度固态储氢
技术

1. 高压气态储氢

高压气态储氢是一种将氢气以气态形式压缩后存储在高压容器中的技术，由于具有过程能耗低、温度范围广、充放速度快等诸多优点，是目前应用最为广泛的储氢方式。这种技术的核心原理是根据不同应用领域的需求将氢气压缩至 $15\sim70\mathrm{MPa}$ 的高压以减小氢气的存储体积，进而提高储能密度。氢气压缩方式主要分为直接压缩至较高压力储存和先以较低压力压缩并存储，加注时再按需增压这两种形式，前者相对于后者将导致更大的储氢容积需求。

以车用储氢为例，其储氢方式为前述第二种，充装过程如图 4-10 所示。氢气经压缩机抽出并加压后和通过冷却器进一步冷却，再充入车载储氢瓶。由于充装过程耗时非常短且为了进一步简化分析过程，忽略汽车储氢瓶的热耗散，氢气的动、势能变化，以及系统内的流阻。同时，假设充装过程的质量流量与温度恒定。从热力学角度分析，氢气的充入过程即工程热力学中的充气问题，如图 4-10 中 b 节点右边所示。充入过程中储氢瓶可以视为刚性绝热容器，取储氢瓶内胆为控制容积，充气过程中其为非稳定开口系，根据热力学第一定律

$$\delta Q = \mathrm{d}E + \left(h_{\mathrm{out}} + \frac{1}{2}c_{\mathrm{out}}^2 + gz_{\mathrm{out}}\right)\delta m_{\mathrm{out}} - \left(h_{\mathrm{in}} + \frac{1}{2}c_{\mathrm{in}}^2 + gz_{\mathrm{in}}\right)\delta m_{\mathrm{in}} + \delta W \qquad (4-10)$$

式中：δQ 为热量变化；$\mathrm{d}E$ 为内能变化；h_{out} 为排出控制体气体的焓值；c_{out} 为排出控制体气体的热容；g 为重力加速度；z_{out} 为排出控制体气体的位置高度；δm_{out} 为排出控制体气体的质量；h_{in} 为进入控制体气体的焓值；c_{in} 为进入控制体气体的热容；z_{in} 为进入控制体气体的位置高度；δm_{in} 为进入控制体气体的质量；δW 控制体与外界的机械功作用，由于储氢瓶是刚性绝热容器，故 $\delta Q=0$，$\delta m_{\mathrm{out}}=0$，$\delta W=0$。

同时，忽略动能、势能，得

$$\mathrm{d}E = h_{\mathrm{in}}\delta m_{\mathrm{in}} \qquad (4-11)$$

对式（4-11）进行积分

$$\int_0^\tau \mathrm{d}E = \int_0^\tau h_{\mathrm{in}}\delta m_{\mathrm{in}} \qquad (4-12)$$

可以得到储氢瓶充气过程的热力学平衡关系式为

$$E_2 - E_1 = h_{\mathrm{in}}m_{\mathrm{in}} \qquad (4-13)$$

图 4-10　压缩机组充装过程

　　然而，在工程应用中一般采用时间离散递推求解充装过程中各目标量随时间的变化。将车载储氢瓶看作一个控制体，将充装过程离散成若干微元时段，则 k 时刻冷却过程存在如下关系

$$\Phi_k = nq_m(h_{k,a} - h_{k,b}) \tag{4-14}$$

式中：Φ_k 为 k 时刻冷却器理论热流量（kW）；n 为同时充装氢气瓶的数量；q_m 为充装氢气的质量流量（kg/s）；$h_{k,a}$ 为 k 时刻压缩机组充装工况节点 a 的比焓（kJ/kg）；$h_{k,b}$ 为 k 时刻充入氢气的比焓（对压缩机组充装工况就是节点 b 的比焓）（kJ/kg）。

　　在每个微元时段内

$$m_{k+1,H_2} u_{k+1,H_2} = m_{k,H_2} u_{k,H_2} + q_m \Delta t h_{k,b} \tag{4-15}$$

$$m_{k+1,H_2} = m_{k,H_2} + q_m \Delta t \tag{4-16}$$

式中：m_{k+1,H_2} 为微元时段结束时刻汽车储氢瓶内氢气的质量（kg）；u_{k+1,H_2} 为微元时段结束时刻汽车储氢瓶内氢气的比热力学能（kJ/kg）；m_{k,H_2} 微元时段开始时刻汽车储氢瓶内氢气的质量（kg）；u_{k,H_2} 为微元时段开始时刻汽车储氢瓶内氢气的比热力学能（kJ/kg）；Δt 为微元时段持续时间（即时间步长）（s）。

　　由充装过程的设定条件可知，在 k 时刻，存在如下关系

$$p_{k,a} = p_{k,b} = p_{k,H_2} \tag{4-17}$$

式中：$p_{k,a}$ 为 k 时刻压缩机组充装工况节点 a 的氢气压力（kPa）；$p_{k,b}$ 为 k 时刻压缩机组充装工况节点 b 的氢气压力（kPa）；p_{k,H_2} 为 k 时刻汽车储氢瓶氢气压力（kPa）。

　　关于整体过程，现已知充装氢气的质量流量、同时充装氢气瓶的数量、储氢瓶的容积、初始压力、初始温度、储氢瓶的工作压力、工作温度下限、工作温度上限、氢气压缩机组的出口温度及氢气充入温度。

　　对第 k 个微元时段，充装过程的计算流程为：首先，按照 k 时刻氢气充入温度 $T_{k,b}$、汽车储氢瓶内氢气的压力 p_{k,H_2}，查表得到充入氢气的 $h_{k,b}$、u_{k,H_2}。然后，由式（4-15）结合已经求得的数据计算得到 u_{k+1,H_2}。由 m_{k+1,H_2} 得到结束时刻汽车储氢瓶内氢气的密度 ρ_{k+1,H_2}。由 ρ_{k+1,H_2}、u_{k+1,H_2} 得到结束时刻汽车储氢瓶内氢气的压力 p_{k+1,H_2}、温度 T_{k+1,H_2}。由工程热力学相关知识，压力、温度、比焓、比热力学能、比熵这 5 个量的独立变量数为 2，即已知其中任意 2 个量，就可以根据热物性参数表达式或查表，得出其余的 3 个量。至此可以求出 $k+1$ 微元时段的其他热物性参数，完成一次完整的递推，由此结合初始物性参数可以计算出充装过程汽车储氢瓶压力、温度随时间的变化，冷却器理论热流量随时间的变化；当汽车储氢瓶的氢气压力超过工作压力或氢气温度超过工作温度上限，充装结束。

　　当然，实际的压缩过程还存在泄漏损失、轮阻损失、流动损失等其他损失。目前，储能过程中氢气压缩的效率通常在 80%～85%，由于氢气具有密度低、能量密度小的特点，氢气压缩机必须要具备承压大、流量大、安全和密封性好的特质，尽可能地追求较

少的能量损耗，国内加氢站较多采用活塞式和隔膜式压缩机。同时，在高压快速加注过程中，氢气温度会显著升高，进而导致罐体出现故障，同时降低罐内的氢气密度，进而降低存储质量，因此针对加注过程氢气温升的控制策略也至关重要。研究表明，通过设计合理的加注策略来控制填充速度与入口温度可以有效提高氢气充填质量。

高压气态储氢通常采用钢及其他高强度合金或复合材料制成的储氢容器，这些容器需要具备高强度、高耐久性和高气密性来确保储氢的安全性和高效性。目前已经开发并且用于氢气储存和运输的容器有：纯钢制金属瓶（Ⅰ型瓶）、钢制内胆纤维环向缠绕瓶（Ⅱ型瓶）、铝内胆纤维全缠绕瓶（Ⅲ型瓶）及塑料内胆纤维缠绕瓶（Ⅳ型瓶），如图4-11所示。

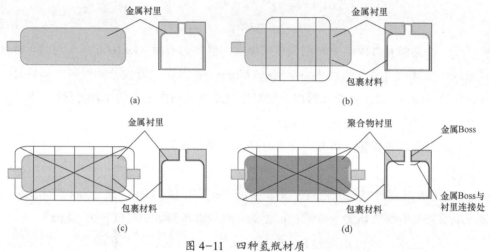

图 4-11　四种氢瓶材质
(a) Ⅰ型瓶；(b) Ⅱ型瓶；(c) Ⅲ型瓶；(d) Ⅳ型瓶

其中，Ⅰ型瓶结构简单、易于制造但是受限于传统金属有限的强度和较高的密度，其单位质量储氢密度通常较低。Ⅱ型瓶和Ⅲ型瓶通过利用外层缠绕的纤维来承担压力载荷，同时使用金属内衬来密封氢气进而有效提高承载能力和储氢密度。Ⅳ型瓶则在Ⅱ型瓶和Ⅲ型瓶的基础上采用碳纤维强化树脂层及玻璃纤维强化树脂层优化缠绕层，同时将金属内衬替换为工程热塑料材料，进一步降低质量并提高承载能力，该技术为储氢容器轻量化的重要发展方向。

高压气态储氢技术在多个应用领域中发挥了重要作用，其中包括加氢站储氢、车载储氢、工业运输储氢等领域。首先，加氢站目前主要以35MPa和70MPa两种压力进行高压气态储氢和供氢。其中，国内加氢站受现有压缩机和储氢瓶技术发展的限制，大部分采用35MPa的氢气压力标准。同时，高压气态储氢技术也广泛应用于氢燃料汽车的车载供氢系统。然而受制于使用场景的限制，轻量化、高载荷、高储氢密度以及长寿命至关重要，因此Ⅲ型瓶和Ⅳ型瓶是最佳的车载储氢容器，并且得到了成规模的商业化应用。此外，工业运输储氢领域，也通常采用高压气态储氢技术，其设备一般选用容积为

40～50L，压力为 15～20MPa 且常温下储氢量约 0.5～0.9kg 的 I 型瓶。

尽管高压气态储氢是目前最成熟、应用最广泛的储氢技术，但其也面临一些问题与挑战。例如，在当下的热门方向，全复合轻质纤维缠绕储氢瓶的研究探索与商业化进程中，主要存在以下几方面问题：

（1）如何解决氢气在高压条件下易从塑料内胆渗透的现象。

（2）如何优化塑料内胆与金属接口之间的连接与密闭问题。

（3）如何有效提高储氢压力和减少储氢瓶的质量，进一步提高储氢质量比密度。

在研究解决现有方向技术问题的基础上，未来的趋势还包括继续探索新的材料，以进一步提高储氢容器的强度、轻量化和成本效益；创新的压缩技术和储氢系统的设计也可以提高能源效率，减少能源损耗。此外，在技术研究不断发展的基础上，还要大规模开展氢能基础设施的建设，高压气态储氢技术将在推进氢能使用的过程中起到非常关键的作用。

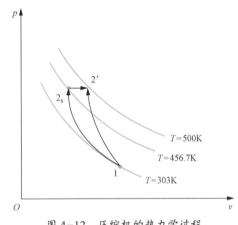

图 4-12　压缩机的热力学过程

例 4-5　如图 4-12 所示，氢气在压缩机中被绝热压缩，压比为 4.2，初、终态温度分别为 30℃和 227℃。若氢气视为理想气体，比热容取定值，气体常数 R_g=287J/（kg·K），c_p=14.3J/（kg·K）。试计算压缩机的绝热效率及压缩过程气体的熵变和做功能力的损失（t_0=20℃）。

解

$$T_1 = 273+30 = 303(K)$$
$$T_{2'} = 273+227 = 500(K)$$
$$\pi = 4.2,\quad \kappa = 1.4$$

$$T_{2s} = T_1 \left(\frac{p_2}{p_1} \right)^{(\kappa-1)/\kappa} = T_1 \pi^{(\kappa-1)/\kappa} = 303 \times 4.2^{(1.4-1)/1.4} = 456.7(K) < T_2$$

$$\eta_{C,s} = \frac{T_{2s} - T_1}{T_{2'} - T_1} = \frac{456.7 - 303}{500 - 303} = 0.78$$

考虑到熵是状态参数，而绝热过程 $1-2_s$ 熵变为零及 $2_s-2'$ 在同一条等压线上，故

$$\Delta s_{1-2'} = \Delta s_{1-2s} + \Delta s_{2s-2'}$$

$$= c_p \ln \frac{T_{2'}}{T_{2s}}$$

$$= 14.3 \times \ln \frac{500}{456.7} = 1.295 \text{kJ/(kg·K)}$$

因过程绝热，所以由熵方程得

$$s_g = \Delta s_{1-2'} - s_f = \Delta s_{1-2'} = 1.295 \text{kJ/(kg·K)}$$

$$I = T_0 s_g = (273 + 20) \times 1.295 = 379.435 (\text{kJ/kg})$$

2. 低温液态储氢

低温液态储氢是指氢气在极低的温度下液化后储存在低温储氢瓶中的储氢技术。氢气在液化过程中，能量损失约为 30%～40%；而在压缩过程中，能量损失约为 10%。除了能量损失，液态氢在运输过程中还存在一些安全隐患和风险。但是低温液态储氢可以大大提高氢气密度（约为 70.8g/L），体积比容积较大。氢气的沸点约为−253℃，容易挥发，因此在液态氢存储过程中需要超低温。然而，保持超低温、耐压、密封性强的特殊容器制造难度大，成本高昂。

图 4-13　氢分子的两种状态

氢分子由双原子构成，其两个原子自旋状态的不同，使其存在着正氢和仲氢两种状态，如图 4-13 所示。在低温下（0～20K），氢分子以仲氢形态存在，当温度升高时，仲氢分子会发生异构，并转化为正氢分子，两者随即达到平衡状态，正仲氢的平衡比例仅与温度有关。随着温度的降低，正氢将自发向仲氢转化，仲氢的平衡浓度随之增加，该转化释放出转化热（670kJ/kg）。由于氢的汽化潜热（452kJ/kg）小于正—仲氢转化热，所以正氢到仲氢的自发转化很容易引起液氢升温，进而汽化。在采用标准态氢气（正氢占比 75%、仲氢占比 25%）进行液化后，如不进行正仲态催化转化，一小时内释放的热量就足以使液氢挥发 1%，甚至使得液氢新产品在储存一天后就仅剩总储存量的 80%，而且蒸发的氢气使储罐内压力迅速升高，使得液氢储存存在重大风险。

由于液氢储存的潜在风险，因此利用模拟方法来设计气液两相平衡的方案尤为重要。模拟气液两相平衡常用的方法有状态方程法、活度系数模型和亨利常数法。对于气液两相存在的情况下，状态方程法更为简洁，方便计算，精度较高，因此选用状态方程法来进行物性计算。氢液化流程没有涉及复杂的化学反应，只涉及气体的液化过程，因此采用彭—罗宾森（Peng-Robinson）状态方程对相关流程进行物性计算，表达式如下

$$p = \frac{RT}{V-b} - \frac{a}{V(V+b) + b(V-b)} \qquad (4-18)$$

式中：p 为气体压强；R 为理想气体常数；V 为气体体积；a、b 为一般化参数。

$$a = 0.45724 \frac{R^2 T_c^2}{p_c} \alpha \qquad (4-19)$$

$$b = 0.07780 \frac{RT_c}{p_c} \qquad (4-20)$$

式中：T_c 为临界温度；p_c 为临界压力；α 为对比温度 T_r 和偏心因子 ω 的函数。

$$\alpha = \left[1 + m\left(1 - T_r^{\frac{1}{2}} \right) \right]^2 \qquad (4-21)$$

$$m = 0.37464 + 1.54226\omega - 0.26992\omega^2 \qquad (4-22)$$

液氢储运技术的发展基于氢液化装置的液氢生产。在环境压力为 101.325kPa 且温度降低至−253℃时，氢气可以液化。氢液化系统主要有：预冷的林德—汉普森（Linde–Hampson）系统、预冷型克劳德（Claude）系统和氦制冷的氢液化系统。上述三种氢液化系统由于制冷方式的不同各有特点，其中 Linde–Hampson 具有结构简单、运转可靠等优点，但循环能耗高、效率低，因此不适合工业上规模化应用；氦制冷的氢液化系统安全性好，但其结构复杂且投资成本较高，在大型氢液化系统中尚未得到广泛的应用；目前大型氢液化装置基于液氮预冷的 Claude 循环，其比功率约为 12～15kWh/kg（LH$_2$），其中 LH$_2$ 指液氢。

以氦制冷的氢液化系统为例，其中液氮预冷—氦膨胀制冷工艺流程如图 4–14 所示。原料气经过液氮预冷后依次进入五级氦换热器并进行正仲氢催化转化反应，氦气经过二级膨胀机出口依次进入换热器 HEX5 到换热器 HEX1 进行换热，HEX1 出口的氦气进入压缩机压缩后进入水冷器冷却至 300K，然后依次进入 HEX1 到 HEX4 换热器进行换热，从HEX4 出来的氦气进入第一级膨胀机 HEE1 膨胀降温，然后继续进入 HEX5 换热器进行换热，HEX5 出口的氦气经过第二级膨胀机 HEE2 膨胀降温后进入 HEX5 继续循环。

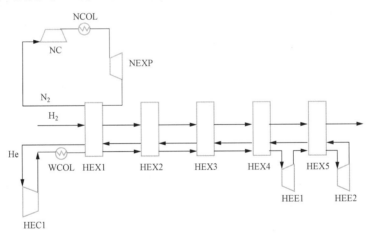

图 4–14   液氮预冷—氦膨胀制冷工艺流程图
NC-氮压缩机；NEXP-氮膨胀机；HEC-He 压缩机；HEE-He 膨胀机；
WCOL-水冷器；HEX-He 换热器；NCOL-氮冷器

氢液化单位能耗是液化流程总能耗与产品单位质量流量的比值。于氢液化流程来说，主要耗功设备为压缩机，膨胀机和冷却器可向外输出功量和热量。氢液化单位能耗 w 计算式为

$$w = \frac{W_C + W_T - Q_{out}}{m_{LH2}} \qquad (4-23)$$

式中：w 为氢液化流程单位能耗 [kWh/kg（LH$_2$）]；W_C 为压缩机耗功（W）；W_T 为膨胀机耗功（W）；Q_{out} 为冷却器输出热（W）；m_{LH2} 为液氢产品质量流量（kg/h）。

目前，经过对换热器、膨胀机和混合制冷剂的优化，氢液化流程的能耗最低已降至 4.41kWh/kg（LH$_2$）。

不同压力下气氢和液氢密度见表 4-1，气态压缩储氢时，即使氢气压力高达 7×10^7Pa，6kg 的氢气还需要 150L 左右的储氢瓶，而 -253℃的液氢密度可以达到 71g/L。因此，从储氢密度上来说，液氢存储具有绝对的优势。

表 4-1   不同压力下气氢和液氢密度

储氢类型	气态压缩储氢				低温液态储氢
压力（Pa）	1×10^5	1.5×10^7	3×10^7	7×10^7	1×10^5
密度（g/L）	0.3	10	28	40	71

然而液氢存储的主要难点在以下几个方面：

（1）液化氢过程中有较大的能量损失（30%～40%）。

（2）成本较高，不利于大规模使用。

（3）多个环节存在一定的安全隐患。

（4）存在一定蒸发损失，目前一般为每天 0.1%～1%。

液氢的存储需要使用具备良好绝热性能的低温液体存储容器，通常称为液氢储罐。液氢储罐存在多种类型，根据其使用形式可分为固定式、移动式和罐式集装箱等；依据绝热方式，则可分为普通堆积绝热和真空绝热两大类。普通堆积绝热液氢储罐主要通过降低固体和气体导热降低漏热量从而实现绝热，具体做法是在储罐表面制造夹层空间，填装绝热材料后对夹层进行抽真空处理。常用绝热材料包括固体泡沫、粉末、纤维等。普通堆积绝热液氢储罐成本较低，但由于夹层真空度较低，因此绝热性能较差，一般用于需现场制造的大型液氢储罐。液氢储罐绝热结构的选择需考虑储罐容积、形状、蒸发率、成本等多方面因素。

固定式液氢存储罐一般用于大容积的液氢存储，常用的圆柱形液氢储罐结构示意如图 4-15 所示。圆柱形液氢储罐主要由罐体及进液口、取样口、转注口、外接气源口、

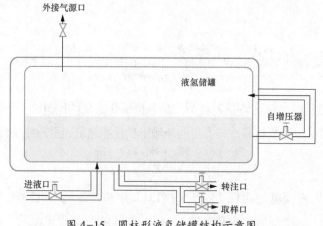

图 4-15　圆柱形液氢储罐结构示意图

自增压器及压力、液位测试装置等组成。由于移动式运输工具尺寸的限制，移动式液氢储罐通常采用卧式圆柱形，结构、功能与固定式液氢储罐相似，但需具备一定抗冲击强度以满足加速度要求。液氢存储的罐式集装箱适用于陆运和海运，是一种前景较好的液氢存储方式。

3. 物理吸附储氢

物理吸附储氢是利用孔隙率高、比表面积大、容积大的吸附材料，通过物理吸附的方法将氢气吸附到孔隙内，从而达到储氢目的。目前常见的吸附材料多为碳基多孔材料，如碳纳米纤维、碳纳米管以及活性炭等。由于在常温常压下，氢气几乎不会进入到材料的纳米孔道内，因此该储氢方式一般都需要在高压或低温条件下才能达到期望的储氢效果。

碳纳米管（CNT）具有良好的化学稳定性和热稳定性，同时其独特的空心管结构能够吸附大量气体，因此 CNT 作为一种具有潜在价值的储氢吸附材料，受到广泛关注。其储氢性能一般通过调节材料的比表面积、孔道尺寸和孔体积来提高。根据其管壁的数量，CNT 可以分为单壁碳纳米管（SWCNTs）和多壁碳纳米管（MWCNTs）等。由于碳纳米管的储氢机制尚不明确，它的吸氢率也一直备受争议，但对于碳纳米管以及碳纳米管混合结构储氢的研究仍在不断深入。活性炭具有高比表面积、丰富表面官能团和孔隙结构，因此活性炭也是潜在的储氢吸附材料。活性炭孔隙大多由石墨微晶之间交联作用形成，对氢气分子有强烈色散力作用，从而使其具有优良的氢吸附性能。

由于物理吸附氢气是一个自发的过程，在吸附过程中吉布斯自由能减小，$\Delta G < 0$。同时气体分子被吸附以后，由原来的三维自由运动转移到固体表面，只能作二维运动，能自由运动的分子减少。由热力学第一定律可知

$$\Delta G = \Delta H - T \cdot \Delta S \tag{4-24}$$

式中：ΔG 为吉布斯自由能的变化量；ΔH 为反应焓的变化量；T 为温度；ΔS 为反应熵的变化量。

$\Delta H < 0$，表明吸附过程是放热过程。因此在材料物理吸附储氢过程中，氢气被吸附到材料表面时将伴随放热，即为该材料的吸附热。吸附热是表征固体表面物理化学性质的重要物理量之一，其大小与固体表面键能的强弱有直接关系，表面键能越强，吸附热越大。通过吸附热的变化，可以研究外界因素对固体表面性质的影响。此外物理吸附的吸附热往往要小于化学吸附，吸附热大小也是区分物理吸附与化学吸附的重要标志之一。

不同的氢气覆盖率 θ 下同一材料的吸附热也会发生变化，为了便于比较不同材料物理吸附储氢的吸附热大小，引入等量吸附热 q_{st} 这一概念进行分析。等量吸附热为在不同温度下、具有等量氢气覆盖率 θ 时的吸附热。下面推导将氢气视作理想气体时的等量吸

附热计算公式。

从热力学观点来看，吸附到达平衡时吸附质的气相及吸附相的吉布斯自由能相等，即有

$$G_g = G_a \qquad (4-25)$$

式中：G_g 和 G_a 分别为吸附质的气相和吸附相的吉布斯自由能。

当吸附量一定时，若温度有微小变化，则吸附平衡时的压力也相应改变。因此达到新的平衡时有

$$\mathrm{d}G_g = \mathrm{d}G_a \qquad (4-26)$$

由麦克斯韦关系式

$$-s_g\mathrm{d}T + v_g\mathrm{d}p = -s_a\mathrm{d}T + v_a\mathrm{d}p \qquad (4-27)$$

式中：s_g、s_a 分别为吸附质的气相和吸附相的熵；v_g、v_a 分别为吸附质的气相和吸附相的体积。

化简可得

$$\frac{\mathrm{d}p}{\mathrm{d}T} = \frac{s_g - s_a}{v_g - v_a} \qquad (4-28)$$

由等量吸附热计算公式

$$\delta q_{st} = T\mathrm{d}s \qquad (4-29)$$

式中：δ 为吸附过程中单位时间内热量的微小变化量。

在吸附瞬间假设温度变化很小，积分得到 $q_{st} = T \times (s_g - s_a)$

代入式（4-28）得

$$q_{st} = T(v_g - v_a)\left(\frac{\mathrm{d}p}{\mathrm{d}T}\right)_\theta \qquad (4-30)$$

假设氢气为理想气体，根据理想气体状态方程

$$v_g = \frac{RT}{p} \qquad (4-31)$$

同时平衡时氢气的气相体积 v_g 将远大于被储氢材料吸附的氢气体积 v_a，因此将式（4-31）代入式（4-30）可得

$$q_{st} = -R\left[\frac{\mathrm{d}\ln p}{\mathrm{d}(1/T)}\right]_\theta \qquad (4-32)$$

根据吸附氢气时的等吸附量线的数据变化，作 $\ln p$ 对 $1/T$ 的直线，再根据直线斜率即可计算出等量吸附热 q_{st}。

值得注意的是，上述的推导过程对氢气吸附过程进行了一定程度的简化，与实际情况会存在一定的偏差。为了得到更加精确的等量吸附热结果，往往采用软件数值模拟与

实验验证相结合的方法进行，表 4-2 给出常见物理吸附材料的等量吸附热数据。

表 4-2　　　　　　　　　　　　　常见物理吸附材料的等量吸附热

物理吸附材料	等量吸附热（kJ/mol）
单壁碳纳米管	16～18
多壁碳纳米管	9～11
石墨烯	1～3
沸石	2.79
活性炭 56	3.97
Co-MOF-74	10.7
Zn-MOF-74	8.5

总体来看，虽然物理吸附储氢技术在储氢量和应用条件上不具有优势，但依托其高安全性能，研究人员通常将物理吸附储氢材料与化学吸附储氢技术、高压气态储氢技术等其他储氢技术相结合，形成多元复合体系，通过协同效应提升储氢体系的整体性能。物理吸附储氢凭借其储氢过程简单、脱氢容易的特点，可以与其他储氢技术有效结合，相辅相成，使未来氢储运技术向高可逆性、常温常压运输、安全不易爆的方向发展。

例 4-6　现采用一种新型活性炭纤维用于物理吸附储氢。测得该碳纤维在温度 77K 时，压力为 40530Pa 时，以及在温度为 87K，压力为 19859.7Pa 时，氢气吸附量均为 1%，将氢气视作理想气体，试求该种碳纤维的等量吸附热。

解　氢气吸附过程中，等量吸附线的 $\ln p$ 和 $1/T$ 之间一般为直线关系，而等量吸附热一般为常数，因此根据式（4-32），可知其线性的斜率即为等量吸附热，有

$$q_{st} = -R\left[\frac{\ln p_1 - \ln p_2}{1/T_1 - 1/T_2}\right]_\theta = -8.3145 \times \left(\frac{\ln\dfrac{40530}{19859.7}}{\dfrac{1}{77} - \dfrac{1}{87}}\right) = -3.973(\text{kJ/mol})$$

即该种碳纤维的等量吸附热为 -3.973kJ/mol。计算的数值是负号，这是因为吸附过程一般会放出热量，因此，用负值表现其放热反应。物理吸附一般解吸过程和吸附过程的 q_{st} 是相差不多的，所以对于解吸过程，采用 q_{st} 的时候，需要注意这个数值为正值。

4. 金属氢化物储氢

金属氢化物储氢是通过储氢合金在一定的氢化条件（温度和压力）下发生吸氢/放氢反应来实现的，此反应为可逆反应，金属氢化物最重要的特性为其可逆的储氢能力。发生吸氢反应时，储氢合金将氢吸收到合金中，扩展并重新排列其晶体结构，形成金属氢化物，新化学键形成的同时会释放能量；反之，发生放氢反应时，金属氢化物压缩晶体使化学键断裂，需要从环境中吸收能量。此可吸氢/放氢反应方程式为

$$M + \frac{n}{2}H_2 \longrightarrow MH_n \qquad\qquad (4-33)$$

其中，M 为金属，n 为参与反应的氢气浓度，MH_n 为金属氢化物。

评价不同储氢技术的关键参数为储能容量与体积能量密度，金属氢化物的质量储能容量被定义为氢吸收的最大质量与氢化物材料质量之比，单位为 wt%；金属氢化物的体积能量密度为

$$v_{ed} = \frac{m_{H2} \times LHV}{V_{MH}} \qquad\qquad (4-34)$$

式中：m_{H2} 为氢吸收的最大质量；LHV 为氢气的低热值（约 120MJ/kg）；V_{MH} 为氢化物材料的体积；v_{ed} 为体积能量密度（kWh/dm³）。

不同金属氢化物材料的质量储能容量和体积能量密度见表 4-3。

表 4-3　　　　　　　　不同金属氢化物材料的质量储能容量和体积能量密度

储能技术	材料	质量储能容量（wt%）	体积能量密度（kWh/dm³）	工作压强（Pa）	工作温度（K）
金属氢化物	MgH_2	7.6（5.5）	3.67（2.65）	—	593
	TiFe	1.86（1.5）	4.03（3.25）	4.1×10^5	265
	$TiMn_2$	1.86（1.15）	4.09（2.53）	8.4×10^5	252
	$LaNi_5$	1.49（1.28）	4.12（3.53）	1.8×10^5	285
复杂氢化物	$LiBH_4$	18.5（13.4）	4.08（3.02）	—	573
	$NaAlH_4$	7.5（3.7）	3.20（1.58）	—	473

注　质量储能容量和体积能量密度中第一个值为最大理论值，括号内数值为可逆值。

不同金属氢化物材料的压强和温度的工作范围可由压强—浓度—温度曲线（PCT）以及范特霍夫曲线来描述，如图 4-16（a）、（b）所示。范特霍夫曲线可由式（4-35）描述

$$\ln\frac{p_{eq}}{p_0} = -\frac{\Delta H}{RT} + \frac{\Delta S}{R} \qquad\qquad (4-35)$$

式中：R 为理想气体常数；T 为温度；p_0 为参考气压（通常为大气压 1×10^5Pa）；p_{eq} 为两相区的平衡压强；ΔS 和 ΔH 分别为吸氢反应的反应熵与反应焓的变化值。

发生吸氢反应时，气态氢压强必须高于给定温度下的平衡压强；反之，在放氢反应中，氢气压强需低于平衡气压。从式（4-35）可以看出，温度升高将导致平衡气压增加。大多数氢化物材料的吸氢反应为放热反应，释放的热量导致温度升高，从而导致平衡气压增强，最终使得流入的气态氢所需压强增加。如果没有合适、有效的热管理系统，吸氢反应会因此自抑制。同理，对于放氢反应而言，则需要在较高的温度下提供足够的热量，以保证放氢反应的正常进行。ΔS 和 ΔH 取决于所使用的材料。反应熵变主要

对应于氢气分子向溶解固态氢的变化，因此，ΔS 可近似于氢的标准熵［S^0=130J/（K·mol）］，则 $\Delta S \approx -130$J/（K·mol）H_2，并适用于大多数金属—氢气系统。由 $\Delta Q = T \cdot \Delta S$ 可知，当发生放氢反应时，需要向金属氢化物提供热量。对于稳定的氢化物如 MgH_2 而言，在 300℃ 及 1×10^5Pa 的条件下发生放氢反应所需的热量约为氢气高热值（HHV_H）的 25%，即为 142×25%=35.5MJ/kg。

ΔH 与范特霍夫曲线中的斜率相关，同时也表征了金属氢键的稳定性。为在 300K 条件下达到 1×10^5Pa 的平衡压力，ΔH 应达到 39.2kJ/mol H_2。低温氢化物具有较低的 ΔH，可在环境或接近环境的条件下进行，需探索如何降低反应焓；并且，ΔH 与吸氢/放氢过程的热量释放和需求密切相关，因此其对热管理过程也十分重要。在实际应用中，PCT 图中的等温线存在一个倾斜的平台区域，吸氢和放氢反应也存在一定的滞后，见图 4-16（c）。因此，在选择工作范围时，除了考虑温度、气压的影响，还需要考虑压力的倾斜平台以及滞后的影响，进而最大限度地提高可逆容量。

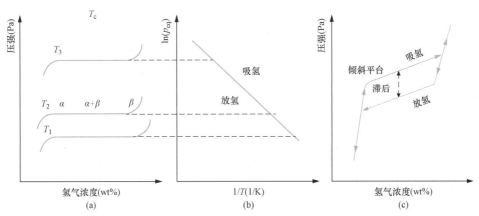

图 4-16　压强—浓度—温度曲线与范霍夫曲线
（a）不同温度下的理想 PCT 曲线；（b）范特霍夫曲线；（c）实际的 PCT 曲线

金属氢化物的应用一般分为固定式储氢以及移动式储氢两大类，固定式储氢应用于离网系统、智能电网、压缩机等；移动式储氢主要应用于车载、船载储氢。目前，仍存在孤岛及欠发达地区等不适宜接入电网的地区和场景，固定式储氢可为这样的离网系统提供稳定可靠的供能。

例 4-7　金属氢化物储氢是一种具有潜在前景的储氢方式，现研究 $LaNi_5$ 合金与氢气体系，可认为平衡压强时氢气组成不变，体系的压强和温度的关系可由下式确定。由于吸氢和放氢之间存在滞后效应，因此 A 值有差异，吸氢反应的 $A = 10.700$、$B = 3704.6$，放氢反应的 $A = 10.570$、$B = 3704.6$；$p_{ref} = 1$MPa。请分别计算在 300K 时吸氢反应和放氢反应的 p_{eq}。

$$\ln\left(\frac{p_{eq}}{p_{ref}}\right) = A - \frac{B}{T}$$

解 当 T=300K 时，吸氢反应：A=10.700，B=3704.6

$$p_{eq,1} = p_{ref}\exp\left(A - \frac{B}{T}\right) = 1\times\exp\left(10.700 - \frac{3704.6}{300}\right) = 0.19(\text{MPa})$$

放氢反应：A=10.570，B=3704.6

$$p_{eq,2} = p_{ref}\exp\left(A - \frac{B}{T}\right) = 1\times\exp\left(10.570 - \frac{3704.6}{300}\right) = 0.17(\text{MPa})$$

5. 其他储氢方式

除前文介绍的储氢方式外，面对不同的储氢需求和应用场景，还开发了许多其他的储氢方式，其中氨储氢和有机液体储氢是两种具有较好发展前景的储氢方式。氨储氢是将氨作为储氢载体。根据表 4-4 所示，氨具有储氢密度高、易液化、运输技术成熟、制氢成本低和分解时不产生碳的氧化物等优点，是一种被寄予厚望的储氢载体。相较于其他载体，氨被用作农业肥料、制冷剂气体以及制造其他化学品，因此，生产、储存、运输和利用氨的基础设施已经在全球范围内建设完整。氨处理的法规和程序在世界上也已经相对完善。

表 4-4   压缩储氢、液氢、液氨的特性比较

储氢方法	压缩储氢	液态氢	液氨
储存方法	压缩	液化	化学
储存温度（℃）	25	−253	25
储存压力（MPa）	70	0.1	0.99
密度（kg/m³）	39	71	600
空气爆炸极限（%）	4～75	4～75	15～28
重力能量密度（MJ/kg）	120	120	18.6
体积能量密度（MJ/L）	4.5	8.49	12.7
单位质量氢含量（%）	100	100	17.8
单位体积氢含量（kg/m³）	42.2	70.8	121
释放氢气方式	降压	蒸发	催化分解 T>200℃
提取氢所需能量（kJ/mol H_2）	—	0.907	30.6

实际生产中，由各个来源获得的氢气往往通过合成氨反应转换为氨，再进行后续的处理和存储运输。需要使用氢气时，通过裂解氨或电解氨反应释放氢气。传统的合成氨反应的能耗很大。同时，在使用端，高温分解氨会也造成大量能源损耗。因此，研究高效绿色的合成氨和分解氨的反应工艺和反应催化剂，有助于提高氨载氢能效，是氨储氢

工业发展的关键技术。目前主流的氨分解催化剂中，钌基催化剂表现最突出，然而钌作为贵金属，成本较高，因此开发镍、钴、铁等非贵金属元素作为催化剂成为研究的热点。此外，氨分解后针对氢气的分离和纯化也是氨储氢推广的技术重点，因为氢气中混有的氨和氮会影响燃料电池等装置的正常工作。

有机液体储氢是指将苯/环己烷、甲苯/甲基环己烷、咔唑等不饱和有机液体化合物作为储氢载体的方法，其中苯与甲苯是较为理想的储氢材料。以甲苯为例，制备出来的氢气与甲苯发生催化加氢反应生成甲基环己烷氢载体，由于甲基环己烷这类氢载体在常温常压下呈液态，故此类储氢载体具有较长的储氢周期且运输便利。将储氢载体运输到目的地后再对其进行催化脱氢释放出氢气以达到氢能利用的目的，脱氢后生成的甲苯储氢剂可回收循环使用。芳香族具有高氢负载能力，环状化合物氢化形式的芳香族化合物具有相对较好的热力学性质，适用于更具挑战性的吸热脱氢反应。为了更好促进氢气的加载和卸载，需要使用催化剂促进加氢和卸载氢反应的发生。目前绝大多数研究分别考虑加氢和脱氢步骤，针对不同反应需要设计相应的催化剂实现目标。最常见的是铂族金属催化剂。相较于其他方式，有机液体储氢量大，储氢密度高、效率高，基础设施相对完善。但有机液体储氢需要注意材料的毒性和过程的环保性，例如上述的苯和甲苯都是具有很大毒性的化学品。

4.4　氨　的　储　存

氨气是一种具有刺激性气味、无色、易液化的气体，通常需要特殊的储存、处理方式、设备和条件，以确保安全性、稳定性和有效性。不可否认，对环境和健康的影响是氨媒能源系统的弱点，包括氨在内的活性氮的大量排放将导致生物多样性的减少、空气和水的污染以及对人类的呼吸系统疾病。因此，氨通常需要特殊的储存、处理方式，设备和条件，以确保安全性、稳定性和有效性。

数字资源

4.4.1　拓展阅读：氨的储运形式及去除

1. 气体储氨

气体氨气储存是将氨气以气体形式保存在适当的钢制气瓶或其他耐腐蚀材料制成的高压容器中，通过高压形式储存以减小氨气的体积实现方便储存和运输的目的，并在需要时进行使用。同时这些容器必须具备一定的强度和密封性能，以防止氨气泄漏。除了高压之外，还需要注意储存氨气的温度在常温下，避免极端温度条件对气体稳定性的影响。特别需要强调的是由于氨气具有腐蚀性，储存容器的内部通常要采用抗腐蚀材料，以延长容器的使用寿命。特别值得注意的是，泄漏是一个严重的安全隐患，因此需要采取措施确保储存系统的密封性，而且需要设置应急处理方案，包括泄漏的紧急处理和人员疏散计划。

针对上述问题，地下氨储存是将氨气储存于地下储罐中的一种储存方法。这种方式相对于地上储存有一些优势，如更好的安全性和对环境的保护，因为地下储存可以减少氨气泄漏的风险。该方法所采用的储罐通常埋在地下，仅露出罐顶，如钢制储罐、混凝土储罐等，其表面通常需要采用特殊的涂层和护套，以防止地下水和土壤对储罐的侵蚀，同时保持储罐的结构完整性。该方法可以减少地表占地面积，并不会破坏地表景观，以更好地满足城市规划和美观性的要求。但是，值得注意的是在选择地下储存位置之前，需要进行地质勘察，确保地下结构适合储存，并且在地下储罐表面采取有效的防腐蚀措施，确保储罐在地下环境中的长期稳定性，还需要安装有效的监测系统，及时发现任何潜在的泄漏情况。地下氨储存是一种可行的储存方法。但是在实施地下氨储存之前，需要仔细考虑地质条件和安全要求，并确保符合相关法规和标准。

2. 液体储氨

液体储存主要涵盖了液体氨储存、氨水储存和尿素水溶液储存。其中液体氨储存是将氨气冷却压缩成液态形式，并将其储存在适当的容器中的储存方法。液体氨通常存储在特制的承压储罐中，这些储罐通常是圆柱形的钢制容器。这些容器必须具有一定的强度和密封性能，以防止氨气泄漏。为了达到液氨的状态，通常需要低温（氨气的临界温度 $-33.34℃$ 以下）或高压（数十至数百大气压之间）处理。该方法的优势在于可以仅占据较小的体积，可以实现高密度的储存，便于在有限空间内进行，有助于更方便地运输。在操作和储存液体氨时，需要严格遵循相关的安全操作规程，以确保人员和环境的安全。该方法的经济性一般较好，但液化和储存所需的设备和能源成本较高。

基于氨极易溶于水的特性，氨水储存可以将氨气以氨水的形式储存在适当的容器中。这是一种相对安全和便于处理的氨气储存方式，特别适用于一些特殊场合和需要氨气以液态形式使用的场合。氨水通常储存在特制的容器中，容器材料可以是塑料、玻璃或不锈钢等，并且需要特别考虑其对氨水的稳定性和防腐蚀性能。此外，氨水的浓度可以根据具体需求进行调整，工业上常用的氨水浓度一般为 5%～30%，而且也可以通过调整温度来控制氨水的溶解度（通常为室温）。因此，该方法基于氨水相对于氨气较低的挥发性，减少了氨气泄漏的风险，安全稳定，不需要高压和低温条件，降低了储存和运输过程中的复杂性。

尿素 $[CO(NH_2)_2]$ 是一种有机化合物，其分子中包含两个伯氨基和一个羰基，其在特定条件下可以分解为氨和二氧化碳。如图 4-17 所示，尿素氨

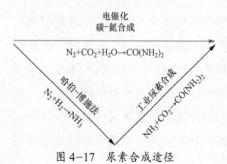

电催化
碳-氮合成

$N_2+CO_2+H_2O→CO(NH_2)_2$

哈伯-博施法
$N_2+H_2→NH_3$

工业尿素合成
$NH_3+CO_2→CO(NH_2)_2$

图 4-17　尿素合成途径

储存通常是指将尿素水溶液储存在不锈钢等耐腐蚀材料制成的容器中，并在使用时通过分解反应得到氨气。储存尿素氨的温度通常在常温下，但可能需要根据具体需求进行调整，同时尿素和氨的混合物的浓度可以根据具体的使用要求进行调整。该方法最大的优势是实现了氨的稳定储存，这种方法常用于农业和车用氨储存。

3. 吸附储氨

如图 4-18 所示，固体吸附氨储存是一种通过将氨气吸附到固体吸附剂上，以固体的形式储存和释放氨气的方法。这种储存方式涉及吸附剂的选择、氨气的吸附和释放过程，以及储存系统的设计。

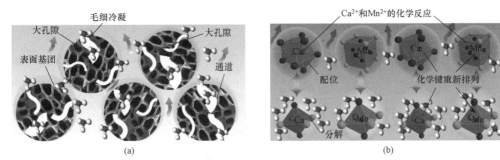

图 4-18　氨在固体吸附剂上的储存
（a）活性炭；（b）金属卤化物

吸附剂是固体吸附储存的关键组成部分，常用的吸附剂包括活性炭、分子筛、金属卤化物和金属有机框架等。吸附剂的选择通常取决于其吸附和释放氨气的性能，包括吸附容量、吸附速率以及吸附循环稳定性等。整个固体吸附氨储存的工艺过程分为：吸附、储存和解吸过程。在吸附过程中，氨气从气相吸附到固体吸附剂表面，并在吸附剂内部以压缩态储存（物理吸附）或与吸附剂形成络合物（化学吸附）。一旦氨气被吸附到吸附剂上，吸附剂就可以在固定的温度和压力下储存氨，形成固体材料。当需要进行解吸以释放氨气时，可以调整温度、压力促使吸附剂可逆的释放所储存的氨气。

固体吸附氨可分为物理吸附和化学吸附两种。物理吸附是由于吸附剂表面的几何结构和吸附质分子之间的范德华力而发生的吸附现象，化学吸附是吸附剂与吸附质表面分子之间的络合反应。与物理吸附相比，化学吸附具有更大的吸附容量和吸附热。

在金属卤化物中，以金属氯化物为最常用的吸附剂。其对氨进行化学吸附的过程中，发生的反应可写为

$$\text{M}_a\text{Cl}_b(\text{NH}_3)_n + (m-n)\text{NH}_3 \longrightarrow \text{M}_a\text{Cl}_b(\text{NH}_3)_m + n\Delta H_r \tag{4-36}$$

其中 M 为金属，ΔH_r 为反应焓（J/mol）。m 和 n 的值可以根据不同金属氯化物的性质来确定。

反应标准自由焓的变化值为

$$\Delta G^0 = (m - n)(\Delta H^0 - T \cdot \Delta S^0) \tag{4-37}$$

式中：ΔH^0 和 ΔS^0 分别为络合氨分子单元时标准焓和熵的变化值；T 为反应器中的反应温度（298.15K）。

反应平衡时，平衡状态的反应自由焓为

$$\Delta G = \Delta G^0 + RT \ln K = 0 \tag{4-38}$$

式中：K 为反应平衡常数；R 为通用气体常数。

由此可得

$$\ln K = (m - n)\left(-\frac{\Delta H^0}{RT} + \frac{\Delta S^0}{R}\right) \tag{4-39}$$

按照反应平衡常数与反应物以及生成物的浓度关系及气体压力关系，假设固体氨络合物的活度常数为 1，氨气为理想气体，则 K 的计算公式为

$$K = \frac{u(M_a Cl_b (NII_3)_m)}{a(M_a Cl_b (NH_3)_n) p_{NH3}^{(m-n)}} = p_{NH3}^{-(m-n)} \tag{4-40}$$

式中：p_{NH3} 为蒸发器或冷凝器中的压力。

由此可得金属氯化物—氨的克拉佩龙方程为

$$\ln p_{NH3} = -\frac{\Delta H^0}{RT} + \frac{\Delta S^0}{R} \tag{4-41}$$

在非标准工况下，由于焓和熵与温度有关，应考虑吸附剂的热容。其方程较为复杂。比尔茨（Biltz）与哈汀（Hutting）提出了一个经验公式

$$\ln p_{NH3} = -\frac{\Delta H^0}{RT} + 1.75 \ln T + aT + 3.3 \ln 10 \tag{4-42}$$

根据 m 和 n 值的不同，参数 a 在 $-0.0024 \sim -0.0017$ 之间变化。

各种金属氯化物—氨工作对的平衡压力如图 4-19 所示。反应物中，短横线表示金属氯化物络合 NH_3 的数量，如 Zn/10-6 表示反应 $Zn(NH_3)_6 Cl_2 + 4NH_3 \rightarrow Zn(NH_3)_{10} Cl_2$。

固体吸附储氨的技术路线存在可以实现高密度储存的优势，尤其在吸附剂具有高吸附量时。此外，吸附和解吸氨的过程通常可以通过反应体系的温度和压力的调节来实现，提供了一定的可控性。而且固体吸附储存一般是可逆的，即氨气的吸附和释放可以进行多次循环。更重要的是，该技术的安全性高，不需要极端温度和压力，也适用于氨气储能和绿色化工等应用。

例 4-8 假设一家公司需要储存一定量的能量，请根据表 4-5 提供的数据，给出以下条件的最佳选择。

（1）需要储存 1000GJ 的能量。

（2）储存空间有限。

（3）需要实现安全长距离运输。

解 对比三者的单位能量成本，氨/加压罐成本最低，为 13.3USD/GJ。因此选择氨/

加压罐。储存空间有限时，若要求成本最小，应选择氢气/金属氢化物，其单位体积成本为 125USD/m³；若要求更大的储能量，应选择氨/加压罐，其能量密度为 13.6GJ/m³。为了实现安全长距离运输，应选择氨/金属氨络合物。氨/金属氨络合物属于固体吸储氨，其优势在于：①安全性提高。固体吸附储氨通常不需要高压容器，相比氢气/金属氢化物和氨/加压罐而言更加安全。②稳定性增强。固体吸附材料可以在较宽的温度和压力范围内稳定存储氨气，不容易受到温度和压力变化的影响。③便捷性增加。固体吸附储氨可以使用各种类型的容器进行储存，包括常规的容器，无需使用特殊的高压容器。

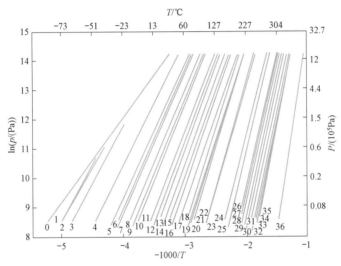

图 4-19　金属氯化物——氨工作对的平衡反应线

反应物：0=NH₃；1=Zn/10-6；2=Cu/10-6；3=Sn/9-4；4=Pb/8-3.25；5=Ba/8-0；6=Sn/4-2.5；7=Pb/3.25-2；8=Ca/8-4；9=Sr/8-1；10=Ca/4-2；11=Zn/6-4；12=Pb/2-1.5；13=Pb/1.5-1；14=Mn/6-2；15=Zn/4-2；16=Cu/5-3.3；17=Fe/6-2；18=Cu/3.3-2；19=Co/6-2；20=Pb/1-0；21=Mg/6-2；22=Ni/6-2；23=Ca/2-1；24=Ca/1-0；25=Mn/2-1；26=Mg/2-1；27=Fe/2-1；28=Co/2-1；29=Ni/2-1；30=Zn/2-1；31=Mn/1-0；32=Fe/1-0；33=Mg/1-0；34=Co/1-0；35=Ni/1-0；36=Zn/1-0

表 4-5　　　　　　　　　　　不同储能方式的对比

燃料/储存方式	密度（kg/m³）	能量密度（GJ/m³）	单位体积成本（USD/m³）	单位能量成本（USD/GJ）
氢气/金属氢化物	25	3.6	125	35.2
氨/加压罐	603	13.6	181	13.3
氨/金属氨络合物	610	10.4	183	17.5

4.5　氢的能量释放

1. 电能

氢能释放的主要形式之一是电能。氢能发电主要有两种方式，一种是利用氢气燃烧产生的热能发电，即氢燃气轮机，另一种方式是通过电化学反应，实现氢气化学能到电能的直接转换，即氢燃料电池。氢燃气轮机是利用氢气作为燃料的动力机械，主要由压气机、燃烧室和涡轮三个基本部分组成，其简

数字资源

4.5.1 示范案例：
氢燃气轮机示范
项目

4.5.2 示范案例：
浙江台州大陈岛
氢能综合利用示
范工程

4.5.3 拓展阅读：
绿氢炼化的进展

化流程如图4-20所示。氢气重量轻、比热值高，是燃气轮机的优质燃料之一，且使用氢气作为燃料，可以实现二氧化碳排放的大

图4-20 氢燃气轮机装置的流程示意图

幅降低。

在氢燃气轮机工作时，压气机吸入空气，压缩到一定压力后送入燃烧室。氢气在燃烧室内剧烈燃烧，产生高温高压气体，然后二次冷却空气经通道壁面渗入与高温燃气混合，使混合气体降低到适当的温度，而后进入涡轮。在涡轮中混合气体先在由静叶片组成的喷管中膨胀，把热能部分转化为动能，形成高速气流，然后冲入固定在转子上的动叶片组成的通道，形成推力推动叶片，使转子转动而输出机械功，从而带动发电机实现电能输出。

为了便于理论分析，可利用空气标准假设，对氢燃气轮机的实际循环进行合理的简化：将循环工质简化为空气，且作理想气体处理，比热容为定值；将氢气燃烧过程视为工质在高温热源下经历的可逆定压吸热过程，将排气过程视为工质与低温热源之间进行的可逆定压放热过程；同时，忽略膨胀与压缩阶段中气体与外界的热交换，将该过程视为可逆绝热过程。通过上述简化，整个循环可理想化为内可逆的理想循环，如图4-21所示，其包括四个过程，分别为1-2的定熵压缩过程、2-3的定压吸热过程、3-4的定熵膨胀过程，以及4-1的定压放热过程。这一循环系统被称为定压加热理想循环，在热力学领域中又被称为布雷顿循环。

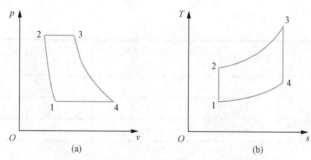

图4-21 氢燃气轮机的定压加热理想循环
（a）p-v 图；（b）T-s 图

下面对布雷顿循环的热效率进行分析。工质在压气机中定熵压缩的消耗的功为

$$W_C = h_2 - h_1 = c_p(T_2 - T_1) \tag{4-43}$$

工质在涡轮中定熵膨胀的输出功

$$W_T = h_3 - h_4 = c_p(T_3 - T_4) \tag{4-44}$$

整个装置的循环吸热量和放热量为

$$Q_{in} = h_3 - h_2 = c_p(T_3 - T_2) \tag{4-45}$$

$$Q_{out} = h_4 - h_1 = c_p(T_4 - T_1) \tag{4-46}$$

根据能量守恒原理，可计算得净输出功

$$W_{net} = W_T - W_C = Q_{in} - Q_{out} \tag{4-47}$$

循环热效率定义为净输出功与循环吸热量的比值，有

$$\eta_t = \frac{W_{net}}{Q_{in}} = 1 - \frac{Q_{out}}{Q_{in}} \tag{4-48}$$

实际运行中，氢燃气轮机的压缩过程和膨胀过程的不可逆性最为突出，这是因为流经压气机和涡轮的工质通常在很高的流速下实现能量之间的转换，此时流体之间、流体和流道之间的摩擦不能再忽略不计，因而，压缩与膨胀过程均为不可逆的、与外界无热交换的绝热过程。尽管如此，随着燃气轮机产业的不断发展及相关技术的创新和突破，燃气轮机的单机效率已经超过 40%，联合循环效率已超过 60%，比传统的火力发电效率高很多。

此外，值得一提的是，氢气具有可燃范围广、易着火等燃烧特性，导致燃气轮机在高负荷时会发生预燃、回火、爆震等现象，因而目前氢燃气轮机使用的燃料仍是掺氢气体，零碳氢燃气轮机尚处于示范应用阶段。这在一定程度上降低了氢燃气轮机的灵活性，未来仍需攻克相关技术难题，进一步提升氢气燃烧的稳定性。

氢燃料电池是一种电化学能源转换装置，利用电化学反应的方式将氢气解离为氢离子，与氧气结合生成水，从而实现氢气化学能到电能的直接转换，具有纯净排放无污染等优点。根据电解质的不同，氢燃料电池可分为 5 种类型，分别为质子交换膜燃料电池（PEMFC）、磷酸燃料电池（PAFC）、固体氧化物燃料电池（SOFC）、碱性燃料电池（AFC）和熔融碳酸盐燃料电池（MCFC）。其中，PEMFC 具有工作温度低、能量密度高和携带方便等特点，非常适用于作为分布式能源系统的核心动力部分，获得了最为广泛的关注与研究。

PEMFC 系统主要由燃料子系统、空气子系统、热管理子系统和电堆等部分构成，如图 4-22 所示。工作时，燃料子系统、空气子系统和热管理子系统在系统控制器的控制下，分别将燃料、空气和冷却液导入电堆相应腔体，为电堆提供稳定运行的条件。

燃料子系统：循环工质为氢气，高压氢气从气瓶内流出，经过减压阀和回流阀的控制，以一定的压力进入电堆的阳极腔进行电池反应，未完全反应的氢气可经过回流阀重新进入循环，一小部分尾排氢则与液态水同时被排出系统。

空气子系统：循环工质为空气，环境中的空气经过过滤，被空气压缩机压缩至一定的压力，然后经过增湿器进入电堆的阴极腔进行电池反应，排出的空气进入增湿器进行

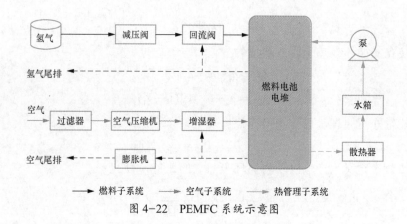

图 4-22 PEMFC 系统示意图

湿热回收，再经过膨胀机对外做功，最后被排出系统。

热管理子系统：循环工质为冷却液，水箱内的冷却液经过水泵的压缩，被送入电堆的冷却腔，然后通过热交换吸收电堆的反应热，进而控制电堆温度，排出的冷却液流经散热器将废热排出系统，最后流回水箱完成循环。

利用上述分析，可对 PEMFC 的系统能量效率进行计算。假设电池反应产生的水为液态，电堆的能量转化效率为

$$\eta_{HH} = 0.83 f_g \frac{V}{1.229} = \frac{f_g V}{1.48} \qquad (4-49)$$

式中：f_g 为氢气的利用率；V 为电堆的输出电压。

空气压缩机、水泵等器件的总耗功用 P_p 表示，于是可计算系统的净输出功为

$$P_{net} = P_{stack} - P_p \qquad (4-50)$$

式中：P_{stack} 为燃料电池的电堆功率。

系统的能量效率为

$$\eta_{power} = \eta_{HH} \frac{P_{net}}{P_{stack}} = \frac{f_g V (P_{stack} - P_p)}{1.48 P_{stack}} \qquad (4-51)$$

PEMFC 清洁高效，在氢能发电领域发挥着核心的作用。然而，该电池使用贵金属铂作为电催化剂，导致燃料电池的发电成本显著增加，约为 2.5～3 元/kWh，远高于火电、风电等常规能源的发电成本。因此，只有进一步降低发电成本，PEMFC 才真正具有市场竞争力。

例 4-9 除了基于热力学第一定律对 PEMFC 系统进行能量效率分析外，还可以利用热力学第二定律，从有用功的角度出发，对系统进行㶲分析。现有一个余热回收利用的 PEMFC 系统，该系统采用电堆出口的冷却水来部分加热电堆入口的氢气和空气，以提高能量利用率，其余的废热释放到大气环境中。为达到气体的入口温度要求，还需采用电加热的方式进一步对入口气体进行加热。现已知各部件的功率见表 4-6，且已算出该系统的质量流动㶲分布，如图 4-23 所示，请根据㶲平衡方程 $E_Q = E_{m,\ out} - E_{m,\ in} +$

E_W+E_{loss}，计算出燃料电池电堆工作时，氢气压缩、混合、加湿，空气压缩、加湿，水压缩，以及氢气/空气换热等过程的㶲损失。

解　利用㶲平衡方程，可得㶲损失的表达式为 $E_{loss} = E_Q - E_{m,out} + E_{m,in} - E_W$，各过程直接与大气环境发生热交换，因而 $E_Q = 0$，于是可得各过程的㶲损失。

表 4-6　　　　　　　　　　　　　　PEMFC 系统各部件的功率

部件	功率（W）	部件	功率（W）
燃料电池电堆	20212	水泵	565
氢气压缩机	19	换热器 1（电加热）	85
空气压缩机	715	换热器 2（电加热）	198

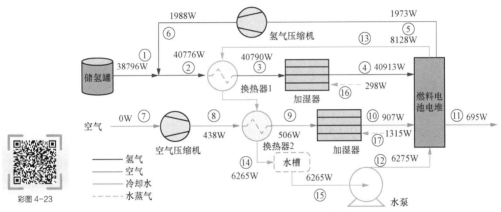

图 4-23　PEMFC 系统的能流分布

燃料电池电堆工作时

$$E_{loss} = 0 - (8128+1973+695) + (6275+40913+907) - 20212 = 17087(W)$$

氢气压缩时

$$E_{loss} = 0 - 1988 + 1973 - (-19) = 4(W)$$

氢气混合时

$$E_{loss} = 0 - 40776 + (38796+1988) - 0 = 8(W)$$

氢气加湿时

$$E_{loss} = 0 - 40913 + (40790+298) - 0 = 175(W)$$

空气压缩时

$$E_{loss} = 0 - 438 + 0 - (-715) = 277(W)$$

空气加湿时

$$E_{loss} = 0 - 907 + (506+1315) - 0 = 914(W)$$

水压缩时

$$E_{loss} = 0 - 6275 + 6265 - (-565) = 555(W)$$

氢气/空气换热时

$$E_{\text{loss}} = 0 - (6265+40790+506) + (8128+40776+438) - (-85-198) = 2064(\text{W})$$

2. 化学能

在以化学能释放为主的应用领域，例如化工制造和钢铁冶炼等能源密集型行业，氢能的引入不仅可以优化能源利用，还可以有效降低碳排放，使生产过程具有更优的环境友好性。在化工应用方面，氢气是合成氨及甲醇、石油精炼与煤化工等行业中的重要原材料，同时小部分副产气也可作为回炉助燃的工业燃料使用。截至2050年，将会有超过30%的氢气用于合成氨和燃料。目前，氨生产所需要的氢主要通过蒸汽甲烷重整或煤气化来获取，每生产1t氨会排放约2.9t二氧化碳。使用绿氢合成氨则可以有效减少二氧化碳排放，此过程的主要设备包括可再生能源电力装备、电解水制氢设备、空分装置、合成氨装置，相关技术装备的国产化程度已经达到较高水平。尽管短期内化工领域绿氢应用面临经济性挑战，但随着绿电价格持续下降，到2030年国内部分地区有望实现绿氢平价，绿氢将大规模进入工业领域，逐渐成为化工生产常规原料。

同时，甲醇是日常生活中许多产品的重要原料，可以生产甲醛、甲基叔丁基醚、乙酸和二甲醚等有机原料，也可以用作发动机和燃料电池的燃料，而氢气也是合成甲醇的重要原料。基于合成气的甲醇生产工艺诞生于1905年，由法国化学家萨巴提（Sabatier）所提出，主反应式如下

$$CO + 2H_2 \longrightarrow CH_3OH \tag{4-52}$$

该工艺通常以煤气化提供合成气，在铜/氧化锌催化剂以及高温高压（200~300℃、3~10MPa）条件下制得甲醇。合成气的制取和净化是整个甲醇生产过程中的关键部分，当选择甲烷蒸汽重整工艺时，该过程通常占总投资的50%以上；而当选择煤气化时，该过程在总投资中的占比则高达70%~80%。近年来我国在二氧化碳加氢转化领域研究发展迅速，诞生了如液态阳光、人工合成淀粉等先进研究成果，延伸了氢能在石化和化工行业中的应用场景。然而，需要注意的是当氢气制取过程的碳排放超过6kg $CO_2\text{eq/kg H}_2$，二氧化碳加氢制甲醇工艺则不具备碳减排特性。因此，以液态阳光为代表的绿氢工艺路线才是未来实现"双碳"目标的可靠路径。液态阳光是指通过太阳能等可再生能源电力电解水制取绿氢，进而通过二氧化碳加氢制甲醇技术实现绿色甲醇的生产，不仅能有效优化可再生能源的利用，同时也实现了二氧化碳的利用，主反应式如下

$$CO_2 + 3H_2 \longrightarrow CH_3OH + H_2O \tag{4-53}$$

在钢铁冶炼领域，氢通过释放化学能可应用于氢冶金反应物、冶金燃料等多个方面。其中，氢冶金用氢规模最大，是钢铁行业实现"双碳"目标的革命性技术，可以为绿氢提供更大的应用场景。传统的高炉炼铁是以煤炭为基础的冶炼方式［见式（4-54）］，碳排放约占总排放量的70%，因此传统钢铁冶炼过程中二氧化碳排放量较大，约占全国碳排

放总量的 15%。

$$2Fe_2O_3+3C \longrightarrow 4Fe+3CO_2 \tag{4-54}$$

氢冶金则通过使用氢气代替碳在冶金过程中的还原作用，从而实现在源头降碳，该反应方程式如下

$$Fe_2O_3+3H_2 \longrightarrow 2Fe+3H_2O \tag{4-55}$$

氢冶金技术分为高炉氢冶金和非高炉氢冶金两个大类。高炉氢冶金是指通过在高炉中喷吹氢气或富氢气体替代部分碳还原反应实现"部分氢冶金"，氢冶金技术的全流程技术路线如图 4-24 所示。此工艺可减少 10%～20% 的碳排放。其通过喷吹焦炉煤气或改质焦炉煤气以替代部分焦炭，用于还原铁矿石，焦炉煤气通过催化裂解成为改质焦炉煤气，其中的氢气含量可达到 60% 以上。由于采用富氢煤气作为还原剂，焦炭占比会相应降低，但焦炭仍需承担料柱骨架、保障炉内煤气顺畅流动的作用，因此该工艺下的碳减排幅度有限。非高炉氢冶金技术以气基竖炉法为主流，其通过使用氢气或氢气与一氧化碳混合气体作为还原剂，将铁矿石转化为直接还原铁后再将其投入电炉进行进一步冶炼。根据加入的还原性气体中氢气的占比，气基直接还原竖炉工艺可分为富氢气基竖炉和全氢气基竖炉。由于氢气作为主要还原剂，二氧化碳排放量减少幅度更大，可达 50% 以上。最后，冶金过程产生的二氧化碳可以进行捕集并用于其他多种用途。

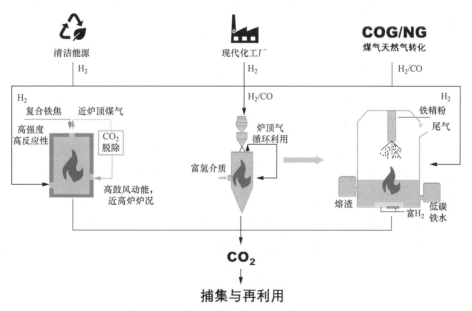

图 4-24　氢冶金技术的全流程技术路线图

随着以新能源为主体的新型电力系统加快建设和电—氢协同的大规模开展、碳交易市场国际化，预计未来绿氢成本会接近或低于灰氢和蓝氢，绿氢在工业领域会大规模应用，且应用的内涵会进一步拓展，对工业领域的反应和用能流程进行再造，实现工业全

过程减碳。

例 4-10 工业合成氨的反应为 $N_2 + 3H_2 \longrightarrow 2NH_3$。设在容积为 20L 的密闭容器中充入 6mol 氮气和 16mol 氢气，反应在一定条件下达到平衡时，氨的摩尔分数为 0.57。计算：

（1）该条件下氮气的平衡转化率（保留到 0.1%）。

（2）假设温度恒定在 298K，求该条件下的净反应热（$\Delta H = -92.2\text{kJ/mol}$）。

解 （1）设氮气的转化率是 x_{N2}，则平衡时，氨的摩尔分数为

$$x_{NH3} = \frac{12x_{N2}}{6(1-x_{N2}) + 16 - 18x_{N2} + 12x_{N2}} = 0.57$$

得 $x_{N2} = 0.667$。

（2）由（1）得氮气转化率为 0.667。

故净反应热为 $0.667 \times 6 \times \Delta H = 0.667 \times 6 \times (-92.2) = -368.8(\text{kJ})$

4.6 氨的能量释放

1. 电能

利用氨储能技术可以实现电能形式的释放，主要包括氨燃烧发电、氨燃料电池和氨水发电热力循环。氨燃烧发电是一种利用氨气进行燃烧反应（见图 4-25），产生高温高压气体，驱动涡轮机或发电机发电的过程。这种技术通常被称为氨燃气轮机发电。在该过程中，最核心的是在燃烧室内氨气与空气混合，并在点火的情况下发生燃烧反应，产生高温高压的燃烧气体。这种方法类似于传统的天然气或燃油的燃烧发电方式。该技术体系产生的高温高压气体使得燃气轮机工作效率相对较高，而氨气燃烧主要产生氮气和水蒸气，相对于传统的燃煤或燃气发电，无碳排放。但是，该技术有一个非常严重的问题，就是氮氧化物的排放问题，氮氧化物的排放容易导致酸雨等危害。氨燃烧发电通常可作为一种能源储备和调峰手段，用于应对可再生能源波动的问题，也非常适用于远离传统电力网络的地区以氨气作为燃料进行发电。

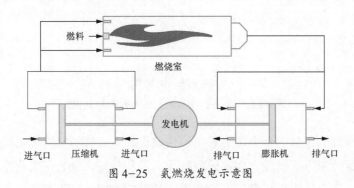

图 4-25 氨燃烧发电示意图

　　氨燃料电池是一种将氨气作为燃料的电池技术，它利用氨气发生氧化还原反应产生电能。氨燃料电池通常包括质子交换膜燃料电池、碱性燃料电池和固体氧化物电池。氨燃料电池的排放产物主要是水和氮气，因此无碳排放，而且相比传统燃烧方式，氨燃料电池具有更高的能量转化效率。同时氨气和氧气并没有混合，从根源上杜绝了氮氧化物的产生。

　　质子交换膜燃料电池的反应方程式如下

$$2NH_3 \longrightarrow N_2 + 6H^+ + 6e^- \tag{4-56}$$

$$O_2 + 4H^+ + 4e^- \longrightarrow 2H_2O \tag{4-57}$$

　　质子交换膜燃料电池通常具有高效率、快速启动和低温操作的优势，但是该过程使用贵金属催化剂，如铂，使得其成本相对较高，同时该反应对于氨气纯度和水含量有一定要求。

　　而碱性燃料电池的反应方程式如下

$$2NH_3 + 6OH^- \longrightarrow N_2 + 3H_2O + 6e^- \tag{4-58}$$

$$O_2 + 2H_2O + 4e^- \longrightarrow 4OH^- \tag{4-59}$$

　　碱性燃料电池具有相对简单的设计，使用廉价催化剂，而且对氨气的纯度要求相对较低。但是，该反应体系需要使用碱性电解质，可能导致碱性溶液的管理和腐蚀问题，而且电池的运行温度通常较高。

　　如图 4-26 所示，固体氧化物电池（SOFC）根据其电解质可分为氧化物离子导电固体氧化物燃料电池（O-SOFC）或质子导电固体氧化物燃料电池（H-SOFC）。

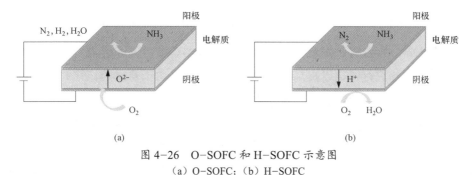

图 4-26　O-SOFC 和 H-SOFC 示意图
（a）O-SOFC；（b）H-SOFC

O-SOFC 中的阳极反应为

$$2NH_3 \longrightarrow N_2 + 3H_2 \tag{4-60}$$

$$H_2 + O^{2-} \longrightarrow H_2O + 2e^- \tag{4-61}$$

$$2NH_3 + 5O^{2-} \longrightarrow 2NO + 3H_2O + 10e^- \tag{4-62}$$

$$2NH_3 + 3NO \longrightarrow \frac{5}{2}N_2 + 3H_2O \tag{4-63}$$

阴极反应为

$$\frac{1}{2}O_2 + 2e^- \longrightarrow O^{2-} \tag{4-64}$$

H-SOFC 中的阳极反应为

$$2NH_3 \longrightarrow N_2 + 3H_2 \tag{4-65}$$

$$H_2 \longrightarrow 2H^+ + 2e^- \tag{4-66}$$

阴极反应为

$$\frac{1}{2}O_2 + 2H^+ + 2e^- \longrightarrow H_2O \tag{4-67}$$

在三种燃料电池中，SOFC 提供了最高的整体效率，不需要外部裂解和广泛的燃料净化，目前已被开发用于远程和固定应用，范围从千瓦到兆瓦级。

氨燃料电池的应用场景集中于需要便携式和高效能源解决方案的场景，并且可以作为氢气和其他清洁能源的替代品，用于燃料电池车辆，也可以为偏远地区或缺乏传统电力基础设施的地方提供电力。氨燃料电池技术正在不断研究和改进，以提高效率、降低成本，并解决与氨气使用相关的挑战，如氨气纯度和水含量的要求。未来可能会看到其更广泛的应用，特别是在可再生能源和清洁能源的推动下。

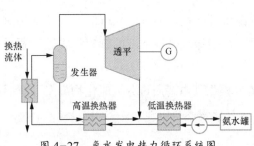

图 4-27　氨水发电热力循环系统图

氨水发电热力循环（Kalina 循环）是一种利用非共沸混合物氨水的吸收式动力循环，循环系统如图 4-27 所示。在该过程中，外界热源加热氨水混合物产生氨蒸气，然后蒸气推动膨胀机对外做功，最后经发电机将膨胀功转换为电能。这种系统通常用于废热利用或中低温热源的能量回收。该系统一般包括发生器、膨胀机、发电机、冷凝器、吸收器、节流阀和溶液泵。该技术可以利用中低温工业余热进行发电以提高能源利用效率，而且由于氨水的汽化和凝结过程相对较快，系统响应速度较快，具有一定的循环可控性。基于上述优点，该技术通常应用于工业废热回收、太阳能热发电、工业园区供电和地热发电等领域。但是，其现有的效率相对较低，未来的研究重点之一是提高系统的热效率。同时在不同运行条件下，保持系统的稳定性和可靠性也是一个重要的挑战。因此，氨水发电热力循环是一种有效利用废热或中低温热源的技术，对于提高能源利用效率和推动清洁能源转型具有一定的潜力。

通过这些不同的氨能释放方式，氨气的储存能够在需要时被高效地转化为电能，提供清洁、可再生的能源选项。这些技术的发展有望为能源行业提供更灵活、环保的解决方案。

2. 热能

氨储能的另一种应用形式是热能或者冷能，这是通过逆卡诺循环实现的制冷或热泵效果。在这一技术路线中氨充当制冷剂，其具体技术路线分为压缩式、吸收式和吸附式。

压缩式氨制冷/热泵机组常用于大型设备的制冷或者制热需求（见图 4-28）。在这一过程中，氨工质在压缩机内变为高温高压气体，并进入冷凝器释放热量成为液态，随后通过膨胀阀在蒸发器内蒸发释放冷量，最后回到压缩机。其中，室外环境在制冷循环中为冷凝器提供冷量，而在热泵循环中则为蒸发器提供热量。由于氨具有较好的热力学性质，使其在制冷和热泵系统中具有高效的能源转换能力，而且氨工质制冷/热泵系统可以覆盖较广的温度范围，适用于多种应用，从低温制冷到高温供暖。同时氨是一种天然的制冷剂，对大气层对臭氧层没有破坏作用，相较于一些传统的制冷剂（如氢氟烃和氢氯氟烃）更环保。具体循环过程如图 4-28 所示。

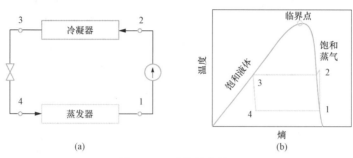

图 4-28 压缩制冷循环
（a）装置流程图；（b）T–s 图

压缩制冷循环原理如图 4-28（a）所示，从蒸发器定压气化吸热后，状态为 1（通常为干饱和蒸气或接近干饱和蒸气）的制冷剂工质进入压缩机在绝热状态下压缩，升温升压到状态 2，再进入冷凝器向环境介质等压散热，在冷凝器内过热的制冷剂蒸气先等压降温到对应于状态 2 点处压力的饱和温度，然后继续等压（同时也是等温）冷凝成饱和液状态 3 进入节流阀，绝热节流降温、降压到对应于状态 1 点处压力的湿饱和蒸气状态 4，再进入蒸发器定压气化吸热完成循环，如图 4-28（b）中的 1-2-3-4-1 所示。

工质吸收的热量为

$$q_c = h_1 - h_3 = h_1 - h_4 \tag{4-68}$$

式中：h_3 为饱和液的焓值，因绝热节流后工质的焓值不变，所以 $h_3=h_4$，h_3 的值可从有关图、表和计算机程序中获取。

工质放出的热量为

$$q_0 = h_2 - h_3 \tag{4-69}$$

压缩机耗功即为循环净耗功

$$w_C = h_2 - h_1 = w_{net} \tag{4-70}$$

制冷系数为

$$\varepsilon = \frac{q_c}{w_{net}} = \frac{h_1 - h_3}{h_2 - h_1} \tag{4-71}$$

在实际压缩制冷循环中，由于有传热温差与摩阻的存在，压缩过程是不可逆的绝热压缩。因此，2状态点是实际压缩状态，2点的确定与压缩机的绝热效率有关，根据绝热效率的定义可得

$$\eta_{C.s} = \frac{h_{2s} - h_1}{h_2 - h_1} \tag{4-72}$$

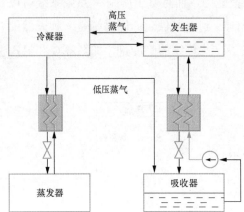

图 4-29 NH_3-H_2O 吸收式制冷系统图

吸收式氨制冷/热泵技术是一种利用氨与水之间的液体吸收和解吸过程来完成制冷或热泵循环的技术（见图 4-29）。该系统通常由吸收器、发生器、冷凝器、蒸发器、膨胀阀、溶液泵和调节阀等基本部件构成。该技术的优势是循环耗功很小，因为循环中升压是通过溶液泵压缩液体完成的，并且加热浓溶液的外热源的温度不需要很高，因此可以利用废热或中低温热源，并可以与可再生能源集成，如太阳能、地热能等，来提高系统的可持续性。

吸收式制冷循环的性能系数为

$$COP = \frac{\dot{Q}_e}{\dot{Q}_g + \dot{W}_p} \tag{4-73}$$

式中：$\dot{Q}_e$ 为蒸发器中制冷剂工质气化时吸收的热量；$\dot{Q}_g$ 为蒸气发生器中热源对溶液的加热量；$\dot{W}_p$ 为溶液泵消耗的功。

若忽略溶液泵消耗的少量功，则装置性能系数为

$$COP = \frac{\dot{Q}_e}{\dot{Q}_g} \tag{4-74}$$

吸收式制冷/热泵技术适用于多温度级的应用，从低温制冷到高温供暖。但是，吸收式制冷/热泵系统相对于传统的压缩式系统更为复杂，需要更高水平的技术和维护。而且在吸收和解吸的过程中，系统内部的材料选型需要具备良好的耐腐蚀性和气密性，因而对材料及制造有较高的要求。

吸附式氨制冷/热泵机组利用氨与吸附剂之间的固体吸附和解吸过程来完成制冷或热泵循环，其典型过程如图 4-30 所示。这种技术通常包括吸附床、冷凝器、蒸发器和膨胀阀。吸附床采用环境工质冷却，吸附蒸发器中的制冷剂，蒸发器中的制冷剂蒸发制冷。吸附床吸附饱和后，采用热源加热，解吸出来的制冷剂在冷凝器中冷凝。该技术可以满足低温冷

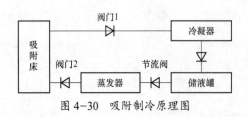

图 4-30 吸附制冷原理图

冻工况，以实现较低温度级的制冷。在一些特定条件下，吸附式系统能够表现出较高的能效，尤其是在废热、太阳能或低温热源的应用中。

该两级吸附制冷的 COP 为

$$COP = \frac{Q_{\text{evap}}}{Q_{\text{des}}} \qquad (4-75)$$

式中：Q_{evap} 为蒸发器中氨蒸发吸收的热量，即制冷量；Q_{des} 为氨在吸附剂上解吸过程所需的热量。

这三种氨能释放技术都具有环保、高效的特点，适用于不同规模和用途的制冷和供热系统。它们可以在可再生能源集成、提高能效和减少对传统能源的依赖方面发挥关键作用。

例 4-11　为了提高吸附式制冷系统的 COP，在吸附式制冷中引入热量回收器的概念。在热量回收的过程中，热量从较热的吸附床传递到较冷的吸附床，使得用于加热吸附床的热量减少。如果没有回热的基本循环制冷系数 $COP=0.4$，对于某回热吸附式循环，请计算回热率为基本循环加热量的 20% 时，循环制冷系数。

解　回热循环解吸过程所需的热量为

$$q_{\text{hr}} = (1-r)q_{\text{des}}$$

其中按照题中所给出的条件，$r = 20\%$。

根据 COP 计算公式

$$COP = \frac{q_{\text{evap}}}{q_{\text{des}}}$$

$$COP^* = \frac{q_{\text{evap}}}{q_{\text{hr}}} = \frac{q_{\text{evap}}}{(1-r)q_{\text{des}}} = \frac{COP}{1-r} = \frac{0.4}{1-0.2} = 0.5$$

可以看到回热可以有效提升系统的能量效率。

4.7　燃料储能未来发展方向

1. 氢储能

数字资源

4.7.1 拓展阅读：氢储能的未来发展前景

4.7.2 拓展阅读：氢储能的前景、挑战及发展

氢能作为一种清洁、高效的零碳能源，在储能、交通、化工等多个领域展现出广泛的应用前景。在能源储存方面，绿氢尤其具有重要意义，它可作为可再生能源的储存媒介，通过电解水生产绿氢，将太阳能或风能转化为氢气，并储存在气体管网或压缩氢气设施中，以备不时之需。在交通运输领域，绿氢作为一种清洁燃料，能够替代传统的化石燃料。例如，氢燃料电池汽车通过氢气与氧气的反应产生电能，唯一的排放物是水。在工业领域中，氢能能够替代高碳燃料应用于钢铁和化肥等行业的生产过程，通过氢还原反应减少二

氧化碳的排放，从而促进可持续发展。

目前，绿氢的生产成本仍然较高，因此未来的关键是通过降低生产成本来提升其市场竞争力。随着可再生能源电力成本的下降及电解槽技术的不断进步，绿氢的生产成本将显著降低。技术的进步、规模化效应以及创新能源解决方案的引入，将有助于实现绿氢的经济可行性。为了推动绿氢的广泛应用，亟须建设完善的氢能基础设施，包括制氢厂、储存设施、管道以及加氢站等。对氢基础设施的投资和国际合作将加速绿氢市场的发展。与此同时，绿氢生产和利用的核心技术仍在不断发展与优化。新材料、电解技术、储氢技术以及氢能利用技术的创新将进一步提升效率、降低成本，并促进绿氢得到广泛应用。总体来看，作为一种可持续且清洁的能源载体，绿氢在实现能源转型、减少温室气体排放以及推动可持续发展方面拥有巨大的潜力。随着技术进步的加速与政策支持的不断增强，绿氢有望在未来成为全球能源体系的重要组成部分。

2. 氨储能

氨储能技术在能源存储、电力供应、可再生能源集成和可持续发展方面具有重要意义。未来的发展应重点关注两个方面：首先，需要提高氨储能系统的性能和经济可行性。这包括提高能量密度和储存效率，在有限的储存容量内存储更多能量，并降低转换过程中的能量损失。降低成本也是关键挑战之一，包括降低氨气制备、储存设备和转化技术的成本，从而提高其商业竞争力。其次，需要加强氨储能系统的安全性和环境友好性。对氨气泄漏进行监测和控制，制定应急处理措施，以提高系统的安全性。另外，研究应集中在开发更环保的氨制备方法，例如采用可再生能源生产绿色氨，以减少对环境的不良影响。

通过跨学科研究和全球合作，氨储能技术有望成为解决可再生能源、电力网络和气候变化挑战的重要方案之一。可再生能源集成方面，氨储能技术将用于更好地集成可再生能源，如风能和太阳能，以应对这些能源的波动性。这将有助于提高电力网络的稳定性和可再生能源的利用率。电力供应和微电网方面，氨储能可以用于电力供应、微电网和岛屿电网，以提高电力供应的连续性，降低电力成本，同时减少对传统燃料的依赖。另外对于交通领域，氨储能系统有望为电动车辆提供能源，从而减少碳减排。

思 考 题 与 习 题

4-1 请从资源分布和成本等角度对比分析甲烷蒸汽重整制氢工艺和煤制氢工艺的优缺点。

4-2 降低绿氢成本的技术难点在哪里？结合有关资料回答。

4-3 结合工程热力学的相关知识分析四种储氢瓶的压缩效率及充放气特性。

4-4 对比其他储氢技术，请分析低温液态储氢有哪些优势和局限性。

4-5 请分析物理吸附储氢与化学吸附储氢的区别。

4-6 请查阅资料分析金属氢化物储氢技术商业化应用主要面临的挑战，并思考如何改进金属氢化物储氢技术在这些方面的商业化应用竞争力。

4-7 请分析氢燃气轮机设计的技术难点，并查阅资料调研未来氢燃气轮机的发展方向。

4-8 查阅相关资料，分析氨分解制氢存在的困难和挑战。

4-9 什么是绿氨制取？氨能在哪些方面对实现"双碳"目标有积极作用？

4-10 对于哈伯—博施法制氨的改进有哪几种方法？请分别概括这些方法的优缺点，以及相对应的改进目标。

4-11 请简述氨储能的优势及合适的应用场景。

4-12 若要实现生产侧和消费侧跨季节、跨区域的能源优化配置，有哪些合适的储能方式？

4-13 写出以氨为制冷剂的压缩制冷循环的制冷系数表达式，并从热力学的角度分析 $T\text{-}s$ 图或者 $\lg p\text{-}h$ 图，指出如何提高制冷系数？

4-14 氨作为气体燃料燃烧时，体积能量密度较大，但是相较于典型碳氢燃料，其燃烧较为困难，可以采取辅助燃烧的手段，如与燃烧性能优良的燃料共燃、富氧燃烧、预热燃烧等，请简述什么是富氧燃烧及其优点。

4-15 通过在电极表面催化氮气和水的反应，可以实现氨的电化学合成，电催化剂的选择是关键，请写出电催化剂为熔融氢氧化物的阳极和阴极反应方程式，并计算法拉第效率。

4-16 请查阅资料了解甲醇合成工艺，并从清洁能源和提高效率的角度提出几点优化建议，并结合绿氢制取构思绿色甲醇制备系统。

4-17 请分析氢冶金的化学及热力学过程，分析这些过程中的能量损失并提出优化建议。

4-18 现有两个技术路线：①传统哈伯—博施法合成氨、气体储运、氨吸收制冷；②循环工艺法合成氨、固体吸附储存氨、氨吸附式制冷。计算并分析两者的效率和经济性。

第 5 章

储能与综合能源系统的能量流与㶲流分析

5.1 综合能源转换分析及其驱动势

储能与综合能源系统设计的关键是对能量供应端、能源转换端、能量需求端进行优化匹配。其中储能是为了实现能量的时空调节，所以综合能源的转换是实现能量供给的关键，储能技术的合理匹配是实现节能的有效手段。

1. 能源转换综合分析

能源转换与储存综合分析如图 5-1 所示，包括了能源供应、能源转换、能量储存以及能源需求。能源供应端提供多元能源输入，例如太阳能、风能、电能以及中低温余热等，能源转换端则包括了不同的能源转换技术，例如太阳能与电能之间的转换、风能与电能之间的转换、电能与制冷量之间的转换、电能与制热量之间的转换，还有余热发电、余热制冷、余热热泵等多类技术。也就是能源转换部分将不同类型的能源输入转换为用户所需要的具体能源类型，具体来说主要还是冷、热、电三大类。能量供应端可以直接与能量需求端相连接，例如中低温热能的直接利用，也可以通过能量转换技术，转化为用户所需要的能量。当能量输入端或者转换端具有过多的冗余能量时，可以在提供能量需求之前，增加储能模块，从而实现能量跨时空的传递。

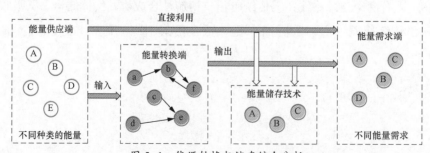

图 5-1 能源转换与储存综合分析

A～E 为不同的能源类型；a～e 为不同的能源转换方式

　　值得注意的是，图 5-1 并没有完全覆盖所有的综合能源系统与储能技术的结合，还有多种可能性，如图 5-2 所示。图 5-2 有两种能量储存技术，分别应用在不同端，能量储存技术 1 储存能量供应端不同的能量，例如储存高温的热能，然后输入到能量转换端，提供给能量供应端 1，如果需求端与储存端能量的类别一致，则储存的能量也可以直接输入到能量需求端 1。能量储存技术 2 则与能量需求端 1 相匹配，用于储存能量需求端冗余的能量。例如能量需求端 1 需求电量，但是电量并不能完全消纳，则可以储存起来，提供给能量需求端 2。

　　通过图 5-1 与图 5-2 的分析可以看出，能量储存技术与能量供应端、能量需求端的匹配可以有多种模式，需要根据现场条件进行分析，同时需要根据相应的储能技术的经济性相结合进行分析。

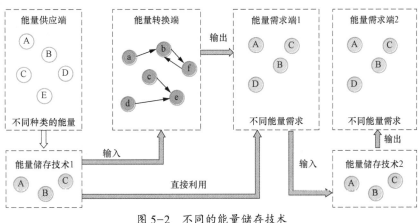

图 5-2　不同的能量储存技术

2. 综合能源转换过程的驱动势

　　综合能源转换过程的驱动势相对较为复杂。除了所熟悉的压力势、温度势以外，还存在不同的驱动力，以太阳能电池的工作原理为例，主要是利用半导体材料的光电效应，将太阳能转换成电能。其基本过程为：假设光线照射在太阳能电池上并且光在界面层被接纳，具有足够能量的光子可以在 P 型硅和 N 型硅中将电子从共价键中激起，致使产生电子－空穴对。界面层临近的电子和空穴在复合之前，将经由空间电荷的电场作用被相互分开。电子向带正电的 N 区而空穴向带负电的 P 区运动。经由界面层的电荷将在 P 区和 N 区之间形成一个向外的可测试的电压。经由光照在界面层产生的电子－空穴对越多，电流越大。界面层接纳的光能越多，界面层即电池面积越大，在太阳能电池中形成的电流也越大。

　　诸如太阳能发电这类技术已经不能再用传统工程热力学的知识进行分析与归纳。但是值得注意的是：当关注的点是能量供应、能量转换、能量储存、能量需求相平衡时，只需要确定能量产生的量及转换过程的效率，而新兴技术的具体细节则不包括在本教材的讨论范围内。因此讨论的重点还是在于压力势与温度势，例如空气压缩储能过程中，系统的压力及其与功的转换之间的关系，还有就是余热驱动的发电循环中，温度势与能量效率、㶲效率之间的关系等。太阳能转换为电力或者风力转换为电力的过程中，由于所采用的是可再生能源，所以在计算效率时，关注的是发电的量以及发电过程中所必须消耗的输入能量，并不会详细分析光伏板的材料、发电性能、光或者风能的输入量。

3. 不同温度驱动势的能源转换技术

电能是非常便捷的一种能量，是能源储存与使用过程中的主要能源，但是电能在综合能源系统的储存与使用分析过程中，可以采用电量直接进行分析，其能源转换技术，例如电压缩制冷、电压缩热泵等技术都较为成熟，可以较为方便地获取能量转换效率，并代入到能源系统中进行综合分析。但是热量由于温度驱动势的不同，品位就会不相同，所以其分析相对较为复杂。火力发电朗肯循环、气体动力循环，这两类热量驱动的能量转换技术，在热力学教材或相关书籍中有详细的阐述。以余热作为能量输入端为例，虽然热量这种能量的类型是单一的，但存在有温区宽、分布广的特性，与此同时，不同余热由于温度势不同，所对应的能量转换技术并不相同，其效率也会存在较大的不同。目前工业园区中，中低温余热大量存在。典型的余热种类与利用方式见表5-1。

表 5-1　　　　　　　　　　　典型的余热种类与利用方式

余热种类	特点	利用途径
烟气余热	余热量大、温区宽、分布广	预热锅炉补水、冷热电联产
废气废水余热	品质较高的低温余热	吸收式制冷、ORC 发电
化学反应热	品质高，输出稳定	副产蒸汽、其他流程供热
高温产品和废渣	主要为显热、利用率低	产低压蒸汽、其他流程供热
废料与设备余热	温度低，难以回收	预热物料、生产生活热水
冷却介质余热	余热量大、品位低	用作热泵的热源

从表 5-1 中可以看出，烟气余热大量存在，且温区宽、分布广，可以用于预热锅炉补水、冷热电联产。废气废水的余热包括了热空气、热蒸汽以及热水，温度一般在 80～150℃，可以用于吸收式制冷与有机朗肯循环（ORC）发电。化学反应热输出比较稳定，可用于副产蒸汽、其他流程供热，高温产品和废渣例如钢厂的高温固体散料，其热量可以通过热空气回收或者热蒸汽回收，也可以直接用于其他流程供热。废料与设备余热由于温度低，所以难以回收，可以用于产生低温低压的蒸汽预热物料及生产生活热水，或者用于其他流程供热。冷却介质的余热温度势较低，一般是 40～50℃，无法进行能量转换，所以一般用于压缩式热泵，也就是在热泵的蒸发器部分进行换热，使得蒸发温度提升，然后工质经过压缩机进入到冷凝器后，相应的温度也会提升，同时按照卡诺

循环蒸发温度与冷凝温度对效率的影响关系，可知在蒸发器温度提升的条件下，热泵的热效率会得到有效的提升。

表 5-1 的余热回收后，可以用于能量转换循环，较为典型的余热驱动的发电与制冷技术见表 5-2。

表 5-2　　　　　　　　　　　　　　　　余热驱动的发电与制冷技术

输出类别	机组大类	机组型式	适用温区（℃）	机组特点
发电	余热驱动发电系统	ORC	80～150	采用较低的热源发电
		Kalina 循环	150～250	可以采用朗肯循环与 ORC 之间的驱动热源温区驱动，效率较高
制冷	吸收式制冷机	氨水机组	90～160	可用于冷冻，由于需要精馏设备等，系统相对复杂
		溴化锂—水机组	70～160	只能用于空调温区，已产业化且大量应用，溶液温度一般不超过180℃，否则腐蚀性加强
	吸附式制冷机	物理吸附机组	60～250	体积大，吸附量小
		化学吸附机组	80～250	吸附量大，存在性能衰减现象
		复合吸附机组	80～250	吸附量大，性能稳定

表 5-2 需要重点关注的部分是适用温区。余热驱动的能量转换循环技术种类多，而温度势与已有的热源的温度条件相匹配，是最为重要的。表中所列的余热驱动的能量转换技术，包括余热驱动发电、吸收式制冷、吸附式制冷。从表中可以看出，适用温区最高为250℃，没有列出更高的热源温区的余热，这主要是因为当温度高于 300℃时，余热可以直接回收到工艺流程，或者采用成熟的朗肯循环技术来发电。表 5-2 中的适用温区，是指工质的适用温区，热源与工质之间需要有换热，具体的换热条件与换热器的设计条件、流体的换热过程等多类因素相关。以 ORC 循环为例，如图 5-3 所示，ORC 中的工质在蒸发器中加热后，进入到膨胀机输出功，然后在冷凝器中冷凝，再通过水泵进入到蒸发器。ORC 的工质温度一般不高于 150℃，在实际的系统设计中，一般采用高压高温的水来加热工质，此时如果热源为热空气，那么换热过程（图 5-3）有两级，热空气先进入到锅炉与高压水进行换热，然后高压水再经过蒸发器与工质换热。这个过程中考虑到空气的热容较低，一般换热温差甚至会高于 50℃，也就是可用的热源温度可以达到 200℃。另外值得注意的是：换热温差是余热利用过程中需要考虑的重要因素，热空气或者废气的热容小，换热温差大，而高压水的热容值大，换热温差相对要小很多。

还需要注意的是：表 5-2 中部分循环，例如 Kalina 循环、溴化锂—水机组，是确定工质的；部分循环，例如 ORC、吸附式制冷

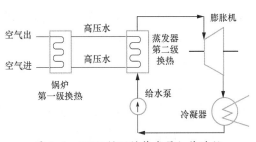

图 5-3　ORC 循环的蒸发器加热过程

机组，工质的选择是极为广泛的。以化学吸附制冷为例，采用 NaBr 作为吸附剂，驱动热源温度可以达到 80～100℃，但是如果采用 MnCl₂ 作为吸附剂，驱动热源温度可以达到 160～200℃。

在广泛的技术种类中，选择合适的技术，构建储能与综合能源系统，一般需要确定使用场合及需求。如果所应用的场合是实用化要求很好的场合，则需要采用已经产业化且可以在市场上找到成熟产品的技术，在这些技术中进行功率与效率的寻优。如果所应用的场合是偏重于科学研究与新技术的探索，则可以按照功率与效率最优化的准则，从可能的技术中进行计算匹配，得到最优解。此时需要注意的是：不同能量转换技术间具有复叠利用、高度耦合的特性，不同种类的综合模型建立和性能评估是研究的一个较为重要的部分。在输出端，基于不同形式的能源输出需求，能源转化技术需要从配置和调度方面给出优化解。

5.2　储能与综合能源转换技术梯级匹配

1. 储能技术与可再生能源转换技术的结合

数字资源

5.2.1 课堂视频：能源梯级利用分析

5.2.2 能源梯级利用案例

5.2.3 实验：压缩制冷系统的能量流分析

综合能源系统的最大特点就是能源的多样性。合理配置能源转换技术是实现效率提升的关键，也是实际现场分析过程中需要考虑的重要因素。

综合能源系统中融入可再生能源的能量转换与利用技术，是实现碳达峰和碳中和目标的重要途径，在这方面，太阳能发电、风能发电等可再生能源转换技术，日益得到人们的重视，而储能一方面可以平抑可再生能源使用过程中的能量波动问题，另一方面对于成熟的能源转换技术，例如火力发电，也可以起到调峰的作用。

图 5-4　并网型光伏发电流程

以太阳能发电为例，大型的太阳能光伏一般采用并网技术，如图 5-4 所示，该系统一般由太阳能电池光伏阵列、控制器一般包括 MPPT（Maximum Power Point Tracking）控制、DC/DC 变换器、驱动电路以及 PWM（Pulse Width Modulation）控制器组成，其中变换器可将太阳能光伏阵列发出的直流电逆变成正弦交流电并入公共电网。控制器主要控制逆变器并网电流的波形、功率以及光伏电池最大功率点的跟踪，以便向电网传送的功率与太阳能光伏电池阵列所发的最大功率电能相匹配。当太阳能光伏发电并网系统中太阳能光伏阵列的发电量小于本地负载用电量时，本地负载电力不足部分由公共电网输送供给；当光伏电池阵列的发电量大于本地负载用电量时，太阳能光伏系统将多余的电能输送给公共电网，实现并网发电。太阳能光伏发电并网系统是将太阳能光伏阵列发出的直流电转化为与公共电网电压同频同相的交流电，因此该系统是既能满足本地负载用电，又能向公共电网送电。一般情况下，公共电网系统可看作是容量为无穷大的交流电压源。

但是值得注意的是，光伏发电的波动性与电网调峰能力之间具有突出的矛盾，使得并网过程存在较多的挑战。光伏电站接入电网环境千差万别，部分末端电网相对较弱，电压波动明显，电能质量差，无法顺利并网，光伏系统并网甚至出现谐振脱网的现象。脱网将造成大量的发电量损失。因此一些工业园区采用太阳能光伏，通常是与储能技术相结合。其流程如图 5-5 所示。

图 5-5 的系统由太阳能光伏阵列、具有 MPPT 功能的充电控制器、蓄电池组、核心逆变器和系统检测控制等组成。太阳能光伏发电独立系统的工作原理是：太阳能光伏阵列首先将接收的太阳能直接转换成电能，先转换成直流电，再通过逆变器将直流电转换成交流电，然后供给负载，也可将多余的电能转化为化学能存储在蓄电池当中；当日照不足时，再将化学能转化为电能供给负载。

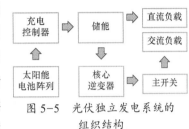

图 5-5　光伏独立发电系统的组织结构

与太阳能发电相类似，风能发电的并网技术，目前也存在瓶颈。风力发电被称为"劣质"电能。所谓"劣质"，是指风能固有的随机性、间歇性特征决定了其属于能量密度低、稳定差、调节能力差的电能，发电量受天气及地域的影响较大，若直接将其全部电力并网，会对电网安全、稳定、经济运行以及电网的供电质量造成不利影响。为了解决这一瓶颈问题，国内现在采用的方案主要有两个：一是通过风火电混送并网；二是使用抽水蓄能，将不稳定的风电转化为水能，再用水能发电。最近几年日本、美国、欧洲及中东地区国家正在大力推广和应用先进的大容量电池储能技术，并将该技术配套于风能等可再生能源的并网。

2. 面向转换与需求端的能源梯级利用

能源的梯级利用是能源合理利用的一种方式，具体来说，就是逐级多次利用不同品位的能源。不同品位主要体现在能质差异方面，在机械能利用方面，无限转换能包括机械能和电能，定义为高品位的能源，部分可转换能，例如热能，可以转换为功的部分与温度相关，温度与环境温度的差值越大，单位质量工质可以转换为功的部分越大，品位越高，当工质的温度与环境温度相同时，就失去了可以转换为功的能力。

能源的梯级利用过程中，面向需求与转换端，一般来说，最高品位的能源供应的优先级最高，在满足最高优先级能源可以得到充足供应的前提下，冗余的能源供应端与能源需求端需要重新匹配，保证次高品位的能源的优先级。这包含了两方面的含义，首先是按照能源品位用能的原则，尽可能不使高质能源去做低质能源可完成的工作。其次逐级多次利用是对于能源采用高质能量到低质能量的顺序，依次加以利用。具体来说，高质能源的能量在设备中回收以后，还会有一定的能量没有用完，此时可以采用剩余的这部分能量再去驱动下一级的设备。这里以热量利用为例，在利用热量驱动热力循环时，能源的温度是逐渐下降的（即能质下降），考虑到不同循环的驱动热源温度不同，也就是每种循环都会有最适合的温区范围，因此当高温能源在一个循环中降至适用范围以外时，可以将温度降低后的热源转至另外一个能够继续使用低温热源的循环中，从而使得总的能源利用率达到最佳。

能量的梯级利用技术，需要和储能技术相结合。这主要是因为能源需求端不一定有能力完全消纳。以电厂的储能调峰调频技术为例，通过储能设备对电网的能量进行平衡，从而满足电力需求的波动性。工厂余热的使用也存在类似的情况，当某一温区的热量无法消纳时，采用合适的技术进行能量储存，满足后期的能量需求，这是实现能量高效利用的重要途径。以工业园区的能量利用为例，如图 5-6 所示，太阳能发电经过储能实现平稳供应，然后和火力发电的电网电力一起，输出到能源输出与储存端，这部分的另外一部分电力则来自工业余热发电。工业余热发电主要取决于余热的温度品位，目前成熟的技术是朗肯循环（热源温度一般需要高于 300~350℃）以及有机朗肯循环发电（工质温度一般为 80~150℃），Kalina 循环由于采用氨为工质，所采用的余热温度介于朗肯循环与有机朗肯循环之间，由于余热发电的温度较高，具有一定的危险性，同时由于氨具有腐蚀性，市场上缺少可以适用的小型膨胀机，所以目前使用该技术的厂家较少。对于冷能与热能的供应与储存，如图 5-6 所示，部分可以来自工业余热制冷与供热技术，另外一部分是电力驱动的制冷与热泵技术。目前余热驱动的制冷/热技术中，溴化锂—水吸收式技术较为成熟，已经实现产业化。图 5-6 表明，当用户节点同时具有冷、热、电三种能源需求时，可以布置多种机组，实现不同温区的热量利用，这就是热量梯级利用的概念。高温的工业余热优先流入发电机组进行热电转化，随后排出的第二级余热进

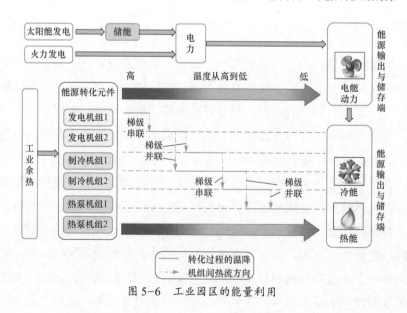

图 5-6　工业园区的能量利用

入制冷机组以满足冷需求，最后一级废热流入热泵机组或直接进行供热。在总体规划上，以回收温区为基准，布置多机组混联，也就是根据与热源进行热量利用的串联和并联，从而达到最好的余热回收效率和较低的碳排放。机组的布置以满足能源需求为基础要求，同时需要兼顾热力指标、经济指标、环境指标的综合最优目标。由于电力是最高品位的能量，在能源输出与储存端，以电能作为优先级别最高的能源，先保证电力的供应，冷量和热能的驱动源先来自余热制冷与供热，在无法满足的条件下，再采用电力的制冷与供热，这样可以有效地实现节能减排。

3. 面向能量供应端的能源梯级利用

除了能量转换端与能量需求端的梯级利用以外，另外一类能量梯级利用，是在能量供应端需要考虑的。当能量需求为同一类能量时，能源的梯级利用需要考虑能源供应端，此时需要以代价最小的能源输入作为优先级，这个代价既包括经济性，也包括对环境的影响。还是以工业园区的能量需求为例，当所需求的能源为电力，可以提供电量的技术分别为：太阳能发电、工业余热发电，以及电网输送的火力发电（见图 5-7）。此时能源输入的最高级别为工业余热发电，其次是太阳能，最后是火力发电。工业余热发电的优先级别之所以比太阳能高，主要原因之一是工业余热发电的输出稳定性好于太阳能

发电，同时工业余热的利用可以减少对环境的热污染。在确定了能源输入的梯级利用原则以后，如工业余热发电可以满足电力需求，且储能设备容量有限，则以工业余热的发电与储电为主，太阳能发电与储电为辅。如无法满足，则再启用电网的火力发电技术。这样可以有效实现节能减排。

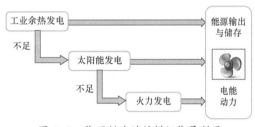

图 5-7　能源供应端的梯级能量利用

4. 面向能量冗余的能源梯级利用

当能源无法完全利用，即使采用了储能手段，也必须要弃掉一部分能量时，原则上来讲，是从能量供应与转换端出发，综合考虑能源获得的代价、能源转换的便捷性、对环境的影响、管理成本等诸多方面。这里值得注意的是：在能源获得的代价方面，经济性中需要考虑碳税等环保因素所带来的经济性。碳税是指针对二氧化碳排放所征收的税，收取碳税以环境保护为目的，希望通过削减二氧化碳排放来减缓全球变暖。碳税通过对燃煤和石油下游的汽油、航空燃油、天然气等化石燃料产品，按其碳含量的比例征税来实现减少化石燃料消耗和二氧化碳排放。

还是以工业园区的储能与综合能源系统为例，如果园区的冷量需求同时可以通过余热制冷与电驱动制冷来完成，与此同时，余热的量、余热和太阳能产生的电量都在采用

了储能技术之后仍然出现冗余，必须要弃掉一部分能量，这时就需要根据现场的情况确定能量使用原则，经常场合不同，所涉及的因素会比较复杂，弃掉的能量就会不同。从环保的角度来说，两者的来源都是余热和太阳能，差别不大，此时需要判断的主要因素是便捷性和管理成本。这里给出三个案例。由于吸收式制冷机组的容量往往比较大，所以案例 1 是一台余热驱动的吸收式制冷可以完全满足需求，而压缩式制冷则需要启动多台，两类技术所对应的制冷机组均与用户端的距离相差不多，则余热驱动的制冷会更便捷一些。案例 2 是所需求的冷量远小于吸收式制冷所能提供的冷量，可以采用少量的分布式压缩式制冷机组供应冷量，则使用压缩式制冷更为便捷。案例 3 是冷量输送的距离方面，一类技术的距离较远，另外一类距离较近，则采用距离相近的技术。一般来说，具体的情况可以通过设定能源供应节点，进行网络优化，通过寻优，确定最佳方案。

5. 能源梯级利用的案例分析

下面结合例题，进行能源梯级利用的案例分析。

例 5-1　某工业园区主要能源来自太阳能发电以及电网供电，同时工业园区排放 200℃的工业废热。工业园区需求的能量种类为电量、制冷量以及 50℃的热水供应，试通过绘制流程图，并结合储能，说明可以实现该工业园区能量提升的有效手段。

解　分析该问题的重点在于找出能量输入端、能量需求端，同时需要找到可以使用的能量转换循环以及所对应的驱动温度，进而得到可能会应用的技术手段。值得注意的是：可以应用的方案不是唯一的，每一种方案都具有一定的优势，同时也具有一定的缺点，需要辩证地加以分析与讨论。

结合所学习的内容，采用能源梯级利用的原则，可以有效实现节能减排，因此先分析能源供应端。在能源供应端方面，需要将代价最小、对环境影响最小的能源定为最高优先级，因此能源供应端的能源梯级利用的流程图如图 5-8 所示。电力的供应还是先以工业余热发电为主，太阳能发电其次，最后是火力发电。而制冷方面先考虑工业余热制冷与供热，之后是电力制冷或供热。值得注意的是，这里是按照能量生产过程以及对环境的影响来分析能源的综合利用。目前较多厂家的余热并没有得到充分利用，太阳能发电技术也受限于储能技术的发展，其波动性使这类本应该作为优质能源的能量被称为"劣质"电能。因此在应用中，理论和实际会有一定的差距，需要根据现场情况确定。

进一步再分析能源转换、储存与使用过程，会发现能源供应端的分析并不能完全覆盖整个综合能源系统的工作过程，合理的技术体系需要总体的规划，这需要涵盖能源供给端、能源转换端和能源需求端。为此分别绘制能源供给端和需求端的梯级能量供应图，其中电力供应需要考虑梯级供应，如图 5-9 所示。输入电量按照工业余热发电、补充太阳能发电、补充电网电力三级方式输入，其中如需要补充电网电力才可以达到充足的电量供应则不需要有储能措施。

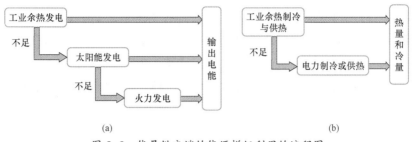

(a)   (b)

图 5-8 能量供应端的能源梯级利用的流程图
(a) 电力供应;(b) 热量和冷量供应

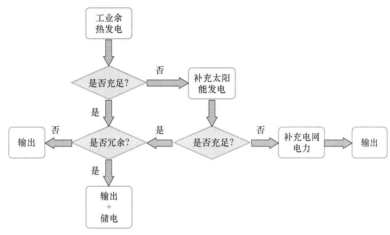

图 5-9 输入电量来源的梯级分析

从热量和冷量输出来看,梯级能量利用图如图 5-10 所示,可以看到在有冷量与热量冗余的情况下需要考虑储能措施,但是如果余热制冷或者制热的能力不足,需要电力制

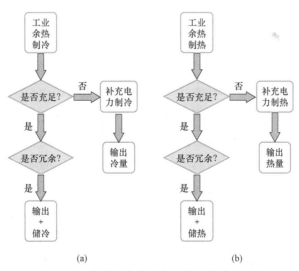

(a)   (b)

图 5-10 热量与冷量输出的梯级能量利用图
(a) 冷量输出;(b) 热量输出

冷、制热来补充时，则不需要储冷、热，此时如电力有冗余可以储电，因为储电的便捷性相对于储冷、热会好很多。但是值得注意的是：图 5-10 的分析是非常理想的情况，实际上目前储冷和储热材料都有温区的限制，需要结合温区选取，同时由于保温技术的限制，目前很多储冷或者储热过程中显热损失高，导致能量损耗比较大，储能效率降低幅度也较为显著。

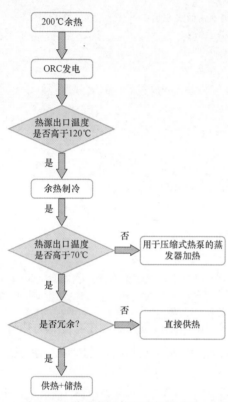

图 5-11　能量转换技术的梯级方案一

在能量转换端，也有能量梯级利用的概念，这部分所涉及的是选取怎样的能量转换技术可以最大化地提高能量利用效率。这方面通常是指余热的利用，主要原因是余热温度不同，所对应的余热转换技术的手段就不相同。还是以例 5-1 的条件来分析，可以看到余热的温度是 200℃，此时能量梯级利用的过程会和能量供应端与需求端相结合，过程相对较为复杂。此时至少有三种方案可以选取。方案一如图 5-11 所示。这时采用的余热先发电，然后余热制冷的技术，热源出口温度高于 70℃ 时，判断热量是否有冗余并确认是否采用储热技术。

图 5-11 的方案中，有这样几点是值得注意的，第一是余热 200℃ 为什么没有选用 Kalina 循环发电，而是 ORC 循环，主要原因是目前市面上产业化的机组是 ORC 机组，选用较为便捷。但是如果从科学研究的精细化角度来分析，也就是技术的高效性为主，实用性为辅，则需要分析 200℃ 热源的种类，如果是高压蒸汽，由于高压蒸汽的比热容高，换热过程中有蒸汽凝结过程，换热效果好，所以换热温差一般可以控制在 20℃ 以内，此时可以考虑采用更为高效、驱动热源温度也更高的 Kalina 循环，但是如果驱动热源为热空气或者废气，由于其热容低且换热效果有限，所以换热温差可以达到 50℃，此时只能应用 ORC 循环。第二是余热制冷之后，热源出口温度为什么会有低于 70℃ 的可能性？因为如表 5-2 所示，即使采用溴化锂—水机组，工质的温度最低为 70℃。实际换热后热源出口温度会小于 70℃，主要是因为换热过程采用的是逆流的换热过程，具体如图 5-12 所示。

图 5-12 显示的是吸收式制冷的工作过程，吸收式制冷主要包括吸收器、发生器、冷凝器、储液罐、蒸发器。以溴化锂—水工质对为例，具体的工作过程为：发生器产生的制冷剂在冷凝器中冷凝并进入到储液罐，然后经过节流阀进入到蒸发器。与这个过程相并行的过程为：发生器由于水不断蒸发，溶液变成浓溶液，经阀门进入到溶液交换器再进入

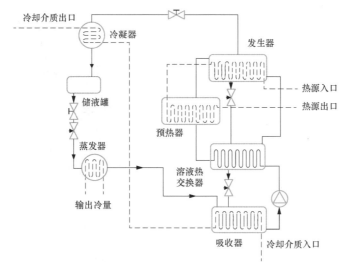

图 5-12　吸收式制冷及换热过程

到吸收器，吸收器的溶液吸收蒸发器中的水工质，水工质的蒸发潜热输出冷量。吸收器中工质吸收了水以后变成稀溶液，稀溶液通过泵进入到溶液热交换器，然后再经过预热器进入到发生器。图 5-12 的吸收式制冷循环中，有四部分的换热，第一部分是热源先进入到发生器，假设热源温度为 120℃，发生器出口降低到 90℃，那么出口的热量不会直接排放，一般会再加一个预热器，对溶液热交换器的溶液进行加热，出口温度最低可以降低到 50～70℃。这部分的换热是逆流方式，也就是热源的流动方向和溶液的流动方向相反，从而保证换热的充分性。第二部分换热是溶液热交换器的作用，这部分也是为了预热从吸收器流过来的稀溶液，这个稀溶液的温度根据季节不同，会有所不同，一般在 20～40℃，在溶液交换器中，可以吸收从发生器流过来的浓溶液释放的热量，实现温度提升，从而实现节能的效果。第三部分的换热是冷却过程的换热，一般冷却介质先流经吸收器再流经冷凝器，也可以采用并联形式，冷却介质分成两股流动，一股进入冷凝器，一股进入到吸收器。第四部分的换热是蒸发器的换热，这部分主要用于释放冷量。

在实际的储能和综合能源系统设计过程中，需要注意的是理论与实际之间会有差距，这就像吸收式制冷工质的最低工作温度为 70℃，但是热源的出口温度可能低于 70℃这个问题所显示的一样，实际的系统会对综合能量传递过程进行优化，所以会有一定的差别，这是在设计过程中尤其要注意的一点，就是理论需要和实际相结合。

继续讨论例 5-1，能量转换技术的方案二如图 5-13 所示。此时所给出的方案是先进行余热制冷，然后再进行余热发电。采用这种方案的前提是余热量较大，且制冷需求为重要需求，同时余热制冷之后还可以有充足的热量用来发电。

能量转换技术的方案三如图 5-14 所示。与前两个方案相比，这个方案在 200℃余热之后，增加了是否冗余的判断，并确定是否增加储热环节。

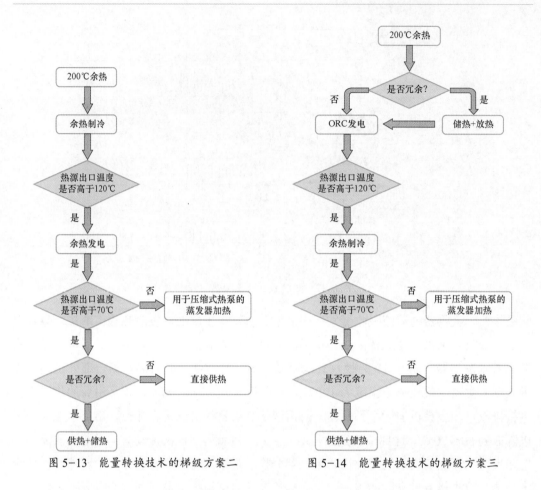

图 5-13　能量转换技术的梯级方案二　　　　图 5-14　能量转换技术的梯级方案三

　　在对现场进行实际分析的过程中，可以将三种方案整理在一张图中，如图 5-15 所示。值得注意的是：这个方案并没有穷尽所有梯级能源利用的可行性。例如可以将200℃的热源相并联进行利用，也就是分别采用 50% 的热源发电，再利用另外 50% 的热源制冷，或者采用不同的比例进行并联使用，例如 70% 的热源发电，30% 的热源进行制冷，这些都需要根据现场的能源供给端和能源需求端的情况进行详细的分析，并灵活进行梯级能源转换方案的匹配。还需要注意市场上已有技术的成熟度，一些应用场合关注的是已经成熟的技术，并希望能够通过合理匹配达到立竿见影的节能效果，而另外一些应用场合可能是探索新技术，希望通过对不成熟但节能效果好的技术进行改良，突破相应的瓶颈问题，开发新产品及相关市场。这两类应用所对应的可选技术是完全不同的，需要认真分析并形成合理方案。

　　综上所述，例 5-1 的解并不是唯一的，一般需要给出 2～3 种方案，并对不同方案的适用性进行分析。在能源系统设计与分析中，经常会出现没有唯一正确解的解题思路，因此需要注重相关的综合分析方法与能力的训练。

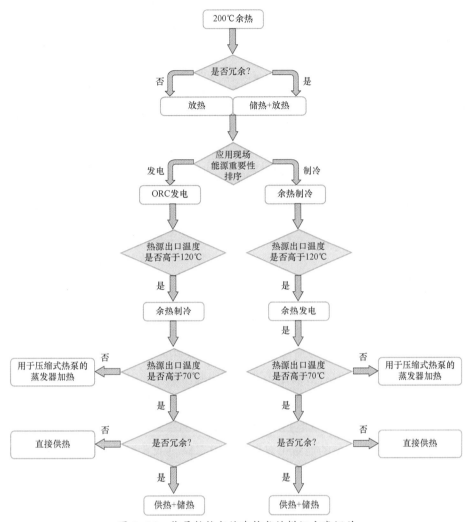

图 5-15　能量转换与储存技术的梯级方案汇总

5.3　储能与综合能源转换技术的优化流程及黑箱化处理

1. 多节点的综合能源利用与调度

数字资源

5.3.1 课堂视频：综合能源利用优化过程与黑箱化模型

综合能源利用的场合极为广泛，小到一个家庭，大到工业园区乃至整个社会。为了便于理解与分析，还是以工业园区的综合能源利用为例进行详细剖析。

工业园区的能量利用集中于企业内部不同工序流程的厂房内。其分布按企业地理位置分散在园区内不同的地方，其体量和品位的分布与企业生产计划相关。由于不同企业的生产流程不尽相同，其能量资源的具体分布具有分散性和随机性，以图 5-16 为例，简单示意一个企业内部的能量分布，该企业内具

117

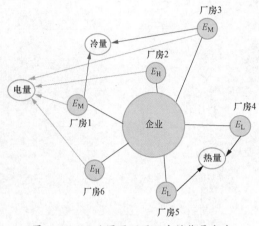

图 5-16 工业园区不同厂房的能量分布

有高耗能生产厂房 5 间，企业内部具有不同的工艺流程厂房和对应的不同品位的能量，按照能量性质对其进行简单分类为 E_H、E_M、E_L。其中品位较低的能量 E_L 可以用来进行供热，中等品位的能量 E_M 可在统一调度后进行能源转换，例如制冷、发电等，高品位的能量 E_H 主要是电能，可以直接利用。

在园区内部能量分散分布的基础上，园区内部的能源需求同时随着企业的地理分布而变化。还是以工业园区中的一个企业为单位，每一个企业节点都同时具有能源输入和能源输出的属性。由于不同节点内部存在能源类型、体量的供需不平衡关系，所以需要合适的能量流调度方案，如图 5-17 所示，以余热利用为例，简单示意工业园区内能量资源的调度关系，其园区内具有 5 家企业节点，同时具有能源输入和输出的属性，按其供需关系做简单的调度示意。具有高品质、大体量余热的企业，如企业3、企业5，其能量可以转换为电量，并能够有效满足企业自身能源需求，同时还有大量冗余的热量。而企业 1、企业 4 具有较多的热需求，同时企业 2 具有较多的冷需求，此时可以通过调度企业 3 和企业 5 的冗余热量，即将多余的余热资源输送到其他企业处，以满足整体园区的能源供需平衡。更多冗余的能量可以通过储电、储热或者储冷来实现能量在时间上的转移，从而适配不同的应用场合。

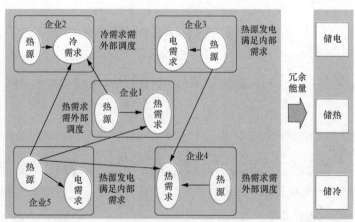

图 5-17 工业园区不同企业的能量调度示意图

图 5-17 只是分析了余热的利用方案，可以看到涉及的技术相对较为复杂，包括了余热发电、余热制冷、余热供热多类技术。这也是一直强调的一个知识点，电量作为高品位的能源，其使用相对便捷，因此可再生能源发电结合储电技术，是能源供应最受欢

迎的方式。但是工业流程中排放的废热，虽然能源转换技术相对复杂，但是由于体量巨大，是实现碳达峰和碳中和过程中不能忽略的一个方面。综合可再生能源与余热的优势，实现零碳能源使用的最大化，会是未来长期的研究方向与重点。

2. 综合能源利用优化过程与黑箱化模型

综合能源利用需要考虑电量供应以及余热的高效回收与利用，仅以太阳能发电以及余热的利用技术为例，阐述综合能源利用优化过程。具体如图 5-18 所示。

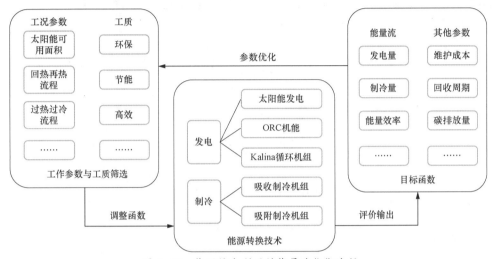

图 5-18 能源综合利用的能量流优化流程

图 5-18 中，假设现场的能量需求为电量和冷量，第一步在工作参数与工质筛选过程中，太阳能发电需要考虑可用面积，另外需要考虑热源温度、回热和再热的流程、过冷或者过热的流程，与此同时，需要考虑能源转换技术中，所采用的工质需要具有环保、节能、高效等特征。选取好初步的参数之后，需要选择合适的能源转换技术。其中太阳能发电的过程是相对确定的，余热发电可以选择 ORC 机组、Kalina 循环机组，制冷一般选用吸收式制冷或者吸附式制冷机组。确定了中间的发电与制冷相关转换技术之后，对机组进行建模和仿真，并就其性能与输入输出特性进行第二次优化筛选，一般是先建立基本热力学模型，确定各机组的设计变量与决策变量，对其输入输出进行初步评估。然后建立多元目标函数，从热力性能、经济性、环境性上对各机组进行分析，同时对其热力流程提出优化。其中发电量、制冷量、能量效率等分析，属于能量流和㶲流分析的内容，另外还需要考虑回收周期、维护成本、碳排放量等多类因素。目标函数分析之后，需要循环迭代到工作参数与工质筛选过程中，经过反复的迭代得到最优化的能源转换技术与相关目标参数，然后基于实际工况，对不同机组的工况做具体改进。

在完成机组优化后，可以发现所涉及的具体技术较多，例如太阳能发电、吸收式制冷、吸附式制冷等，这些技术的细节在能量流和㶲流分析的过程中并不需要全部掌握。具体来说，能量流和㶲流分析只是给出一个大致的优化方向，所依赖的是技术已有的性能，例如吸附式制冷的能量效率、能量输入与输出特性，并不涉及具体技术的深入研究与技术的再次创新。因此可以通过黑箱模型进行能量流的数据处理，也就是将具体的能源转换技术全部封装在黑箱中，不研究其细节，只是研究输入能量和输出能量之间的关系。具体如图 5-19 所示。建立机组在最优工况下的输入输出特性，忽视其内部流程的复杂性和工况的多变条件，将机组的具体热力学模型黑箱化处理，只建立最优工况的输入输出函数关系，以供后续综合优化流程的调用，简化整体计算的复杂性。

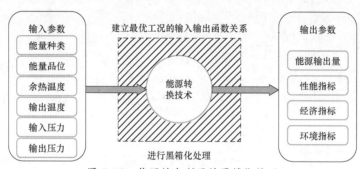

图 5-19　能源综合利用的黑箱化处理

在黑箱化处理后，其整体指标特性可以表示为

$$P_{ec} = f(E_{in}, E_{out}, Ex_{in}, Ex_{out}, T_{in}, T_{out}, p_{in}, p_{out}, c_1, \cdots, c_n) \tag{5-1}$$

式中：P_{ec} 为各类评价指标的集合；E_{in}、E_{out} 为输入与输出能量的量，在能量流分析过程中为能量值；Ex_{in}、Ex_{out} 为输入与输出㶲的量，在㶲流分析过程中为㶲值；T_{in}、T_{out} 为热能输入、输出温度，在能量流分析中，热能的温度仅用于评判是否可以继续用于能量转换循环以及是否可以再利用，不涉及品位的分析，㶲分析会涉及热能的品位；p_{in}、p_{out} 为输入与输出压力，主要用于压缩空气储能等涉及压力势过程的分析；c_1、$\cdots$、c_n 为元件的设计与运行参数，在能量流的分析过程中，主要涉及的是能量的损耗，例如储能效率等。

5.4　储能与综合能源系统的能量流与㶲流分析

1. 不同能量来源的能量利用与㶲利用分析

储能与综合能源系统的能量流和㶲流，常规来说主要还是电力、热量和冷量所具有的能量或者㶲量。储能与综合能源系统，需要考虑将能量转换系统作为元件单独处理，然后通过能量与㶲分析，得到机组的能量效率和㶲效率。

数字资源

5.4.1 课堂视频：总能和总㶲的利用效率分析

5.4.2 实验：风光储综合实验

如图 5-20 所示，电力可以直接利用转换为动力，同时也可以通过压缩式制冷循环或者热泵循环，转换为冷量或者热量。余热的利用相对可选的路径较多，这主要根据现场的余热情况以及应用场合来确定。可以选择全部串联的形式，也就是余热逐级利用，经过两个循环转换为电量或者冷量，然后剩余的热量直接收集利用。也可以三部分的应用并联形式，也就是余热分为三股流动，分别进入循环 1、循环 2 以及实现热量直接利用。还有就是可以采用混联形式，例如两个循环是并联的，并联之后出口串联到余热直接利用的流程中。热量在这个过程中逐级被消纳，最后进入到环境并与环境实现热平衡。

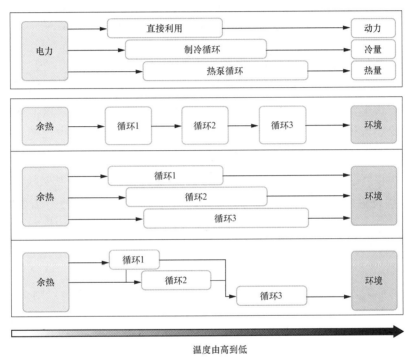

图 5-20　不同能量来源的能量利用与㶲利用分析

图 5-20 中，㶲利用的分析则需要考虑与环境相平衡。功和动力的利用直接等价于㶲值，冷量与热量的利用则需要考虑与环境相平衡的因素，也就是采用热量㶲与冷量㶲的计算方法进行计算，最后获得相应的㶲值。

2. 总能和总㶲的利用效率分析

对于如图 5-20 所示的工作机组布置模型，循环还需要对单一的循环进行分析。也就是对于评价单一的能量转换循环，还需要采用收益与代价之比，来计算单一能量转换循环的能量效率和㶲效率，即

$$\eta = \frac{收益}{代价} \tag{5-2}$$

例如采用有机朗肯循环回收余热，其能量利用效率公式依然类似于朗肯循环的能量效率公式，为

$$\eta = \frac{W_{\text{net}}}{Q_1} \qquad (5\text{-}3)$$

式中：W_{net} 为循环输出的净功，也就是图 5-3 中，膨胀机输出的功与给水泵耗功之差；Q_1 为输入的热量，也就是蒸发器消耗的热量。

其㶲效率的公式为

$$\eta_{\text{ex}} = \frac{W_{\text{net}}}{Q_1 \times \left(1 - \dfrac{T_0}{T_H}\right)} \qquad (5\text{-}4)$$

式中：T_0 为环境热源温度；T_H 为加热的热源温度。

例 5-2 某工业园区的制冷可以采用压缩式制冷来提供，也就是采用电量驱动的压缩式制冷，也可以采用余热制冷方案来驱动。试分析两种方案的能量流，并说明为什么采用余热制冷更为节能？已知电厂朗肯循环发电的热效率为 0.36，电压缩式制冷的性能系数 COP 为 4，余热制冷的热效率为 1。

解 分析该问题，可以通过效率参数，分析输入的能量，看一下哪类技术输入的能量更大一些。假设输出的冷量（$\dot{q}_{\text{ref}}$）为 1kW，则对于电压缩式制冷，需要输入的电量（w_{ele}）为

$$COP = \frac{\dot{q}_{\text{ref}}}{w_{\text{ele}}} \Rightarrow w_{\text{ele}} = \frac{\dot{q}_{\text{ref}}}{COP} = \frac{1}{4} = 0.25(\text{kW})$$

再分析对应输入的热量，也就是电厂朗肯循环发电所输入的能量，则

$$\eta = \frac{W_{\text{net}}}{Q_1} \Rightarrow Q_1 = \frac{W_{\text{net}}}{\eta} = \frac{0.25}{0.36} = 0.69(\text{kW})$$

对于余热制冷，需要输入的热量为

$$COP = \frac{\dot{q}_{\text{ref}}}{\dot{q}_{\text{in}}} \Rightarrow \dot{q}_{\text{in}} = \frac{\dot{q}_{\text{ref}}}{COP} = \frac{1}{1} = 1(\text{kW})$$

通过计算可以了解到，对应 1kW 的制冷量，通过电压缩式制冷，需要消耗的原始的蒸汽动力循环的热量为 0.69kW，而消耗的余热则为 1kW。余热量明显高于蒸汽动力循环需要输入的热量。但是考虑到余热需要排放到环境中，也就是这部分的能量如果不加以利用，则会排放到环境中，所以还是余热制冷更为节能。

在例 5-2 的分析中，需要注意的事项有两个方面，首先在计算中没有考虑能量品位的概念，如果考虑能量品位，蒸汽动力循环需要输入的热量的温度更高，所以以会具有更高的㶲值，因此计算㶲结果将有所不同。其次没有考虑余热会有其他的用途，例如如果不用于制冷而是用于热泵，那么可能会有更高的能量效率。这个情况需要根据现场的需求加以判断。

例 5-3　针对例 5-2 的情况，分析不同方案的输入㶲，已知余热的温度为 150℃，环境温度为 20℃。朗肯循环发电加热的温度为 500℃，并与例 5-2 的结果进行对比。

解　对于电压缩式制冷，输入的㶲量需要从朗肯循环的加热过程来计算，为

$$Ex_{压缩} = Q_1 \times \left(1 - \frac{T_0}{T_H}\right) = 0.69 \times \left(1 - \frac{20+273}{500+273}\right) = 0.428(\text{kW})$$

对于余热制冷方案，输入的㶲量为

$$Ex_{余热} = Q_1 \times \left(1 - \frac{T_0}{T_H}\right) = 1 \times \left(1 - \frac{20+273}{150+273}\right) = 0.307(\text{kW})$$

通过㶲量对比，可以看到余热制冷的㶲量大幅度小于压缩式制冷的㶲量。这主要是因为余热制冷采用的是低品位的热源，因此具有较小的可用能。

在评价能量转换的工程中，一个能量的输入可能会有多种能量的输出，如图 5-21（a）所示，此时为了评价这个能量流和㶲流的工作性能，可以采用式（5-5）、式（5-6）计算能量效率和㶲效率，即

$$\eta = \frac{\sum E_{out}}{E_{in}} \tag{5-5}$$

$$\eta = \frac{\sum Ex_{out}}{Ex_{in}} \tag{5-6}$$

也就是将所有输出的能量或者㶲进行加权，除以一种输入的能量流和㶲流。此时需要注意分析相关应用时所对应的场合。例如在研究燃气机动力循环及其余热利用循环时，如果对比两个系统的效率，例如系统 1 是单一的燃气机动力循环系统，系统 2 是采用了余热利用的综合能源系统，则在对比过程中，需要考虑两个系统的代价是一致的，第一种对比方式是系统 1 和系统 2 的代价都是燃气机输入的热量。之所以不考虑系统 2 的余热，是因为对比过程中需要注意系统 1 的余热是排放到环境中的，不属于"代价"，因此为了保证对比条件相同，可以获得更有价值的参考结果，采用的是燃气机输入的热量。另一种对比方式是在代价中考虑余热的量，但是需要在两个系统中都考虑，从而保证在相同的条件下进行对比，否则就会失去对比的意义。

同时在评价能量转换的过程中，还会涉及一种情况，就是一个输出的能量流或者㶲流对应多个输入的能量流或者㶲流，如图 5-21（b）所示。针对一个输出的能量流，想要评价为了得到这个能量流，会有多少的能量或者㶲的输入，可以采用式（5-7）、式（5-8）计算能量效率和㶲效率。在分析过程中，式（5-7）、式（5-8）需要灵活应用。以发电为例，当电力的来源是朗肯循环发电、燃气机发电、太阳能发电时，太阳能发电的代价需要从经济性方面来考虑，在此，不建议将太阳能的输入能量作为代价、输出电量作为收益来分析，因此针对朗肯循环发电、燃气机发电、太阳能发电的综合能源发电系统，可以将太阳能发电系统剥离出来，只分析朗肯循环与燃气机发电的综合效率，也就是总的发电量除以两类循环总的输入的热量，得到能量效率，同时循环的㶲效率分析

与能量效率的分析过程相类似。

$$\eta = \frac{E_{out}}{\sum E_{in}} \qquad (5-7)$$

$$\eta = \frac{Ex_{out}}{\sum Ex_{in}} \qquad (5-8)$$

图 5-21 能量流输入与输出
(a) 工况1；(b) 工况2

一般来说，在分析能量效率时，不提倡将所有的多个能量流输出加权除以多个输入的能量流加权，得到总的能量效率。这主要是因为此时输入是多个变量，包括了不同品位的能量，输出也是多个变量，也包括了不同品位的能量，而没有一个是定量，因此缺少了分析的必要性，也很难得到对节能与储能具有指导性的建议。

但是如果所输入的能量是一类的能量，是可以进行加权分析的，比如输入（或者输出）的能量是多类的余热或者多个源头输送过来的电量或动力，则能量效率的公式为

$$\eta = \frac{\sum E_{out}}{\sum W_{in}} \quad 或者 \quad \frac{\sum E_{out}}{\sum Q_{in}} \qquad (5-9)$$

$$\eta = \frac{\sum W_{out}}{\sum E_{in}} \quad 或者 \quad \frac{\sum Q_{out}}{\sum E_{in}} \qquad (5-10)$$

式（5-9）和式（5-10）可以用来评价一类能量流输入转换成其他所有能量流所对应的性能，或者一类能量流输出对应的所有能量流的消耗量。还是以余热的利用为例，假设需要分析不同的余热利用过程，假设其中一个案例是利用余热驱动吸收式制冷，并回收部分余热供热，另一个方案是采用余热驱动吸收式热泵获得高温热量输入到工业流程，同时回收部分低温的余热供热。假设需要对比两个路径的节能效果，可以将余热制冷与供热以及余热的热泵与供热分别作为收益，余热作为代价，此时可以计算余热的能量利用效率，通过对比获得相应的结果。需要注意的是这个结果仅可以作为参考，更为有价值的参考结果需要结合技术的经济性与减排效果的分析。同时，如果涉及不同品位的能量，例如余热驱动的发电与制冷循环，考虑到品位不同，加权后的结果没有很大的参考价值，所以一般还是需要采用㶲效率进行分析。

储能与综合能源系统的结合，需要考虑储能效率。采用储电技术、抽水储能等动力储能技术、储热技术，都会在能量储存的过程中有能量的消耗或者是损耗，因此释放的能量和所储存的能量会有差别。储能效率的公式是从进入系统的能量流和流出系统的能

量流的角度出发进行考虑的。也就是输出的能量与输入能量的比值，也可以看作是收益与代价之比的另外一种形式。采用㶲作为变量进行分析，则为㶲效率。具体为

$$\eta = \frac{E_{\text{out}}}{E_{\text{in}}} \tag{5-11}$$

$$\eta = \frac{Ex_{\text{out}}}{Ex_{\text{in}}} \tag{5-12}$$

式中储能系统输入的能量及㶲包括了输入的电量、动力、热量或者冷量等，根据储能系统的不同而不同。

考虑到电量、动力、热量以及冷量是不同品位的能量，所以在考察一个储能及综合能源系统的储能性能时，不提倡将所储存的不同品位的能量加权后加以分析，建议分类加以分析。也就是电力、动力、热量、冷量的储存效率逐一加以分析，并从能量输出的角度，推导出输入的能量流及其属性，然后判断系统的节能特性。在一些场合中，如涉及多类能量储存，并希望通过简单的能量储存效率来大致得到节能效果，也只能在分子中将电力和动力、热量和冷量加权处理，代价则需要考虑不同的能量输入，也就是采用总收益和总代价的比值评价储能性能，具体为

$$\eta = \frac{\sum W_{\text{out}}}{\sum W_{\text{in}}} \tag{5-13}$$

$$\eta = \frac{\sum Q_{\text{out}}}{\sum Q_{\text{in}} + \sum W_{\text{in}}} \tag{5-14}$$

式（5-13）为电量与动力的储存，式（5-14）为热量的储存。两者的差别在于式（5-13）的分母仅为动力输入，这是因为储电或者动力的过程中，一般不涉及热量的输入。式（5-14）的分母包括了热量与动力，这是因为在储热的过程中，会涉及换热介质的流动，此时需要循环泵、压缩机等耗功部件的功量输入。

当涉及不同的能量输入与不同能量的储存时，最佳的方式还是采用㶲分析，也就是将不同品位的能量等价为㶲，进行㶲效率的对比与分析。

例 5-4　某工厂屋顶面积 900m²，其中可以安装太阳能发电装置的面积为 500m²。工厂排放的余热为废蒸汽，温度为 150℃，85～150℃可用的热量为 80kW，每天排放时长为 8h。工厂需要制冷量为 100kW。目前工厂采用电网电力进行制冷以及动力输出，制冷 COP 为 6，所需要的电量为每月为 20MWh，试为该工厂设计节能方案，并计算每月可以节约的电量。

解　分析这类问题，需要注意的是很多条件未必全部会给出，需要通过查阅资料获得。实现节能需要有效利用太阳能与余热。

（1）首先分析太阳能的利用过程。

查阅资料可知，太阳能发电量一般为 150～170W/m²，所以选择 160W/m²，则安装太阳能板，发电量为

$$W_{sor} = w_{area} \times A_{sor} = 160 \times 500 = 80(\text{kW})$$

式中：W_{sor} 为太阳能总的发电量；w_{area} 为每平方米的发电量；A_{sor} 为太阳能电池面积。

考虑到工厂的光伏系统电量不稳定，需要配备储电方案，查阅资料可以了解到，采用锂电池储能，效率一般在 90% 以上，取为 90%。则太阳能发电经过储能过程以后，可以提供的电量为

$$W_{sor, act} = \eta_{sor} \times W_{sor} = 0.9 \times 80 = 72(\text{kW})$$

式中：$W_{sor, act}$ 为太阳能实际的发电量；η_{sor} 为太阳能发电量的储电效率。

继续查阅资料，了解太阳能每天发电的时长可知，虽然理论上光照有 7~8h，但是考虑到阴雨天等情况，一般为 4h 左右，所以取日照时间为 4h，则可以提供的电量为

$$W_{sor, month} = W_{sor, act} \times 4 \times 30 = 72 \times 4 \times 30 = 8.64(\text{MWh})$$

式中：$W_{sor, month}$ 为太阳能每月总的发电量。

（2）接下来计算余热利用可以节省的能量。

根据余热的温区可知，可以采用吸收式制冷技术，实现节能减排。查阅资料，市场化的吸收式制冷机组多为溴化锂—水机组，有单效、双效、三效循环，一般单效循环在 0.8 以下，双效循环 1.1~1.3，三效循环 1.8 以上。其中单效循环机组适用于低压饱和蒸汽（0.03~0.15MPa）或者 85~150℃ 的高压热水，因此采用单效循环，余热制冷量为

$$Q_{sorb} = Q_H \times COP_{sorb} = 80 \times 0.8 = 64(\text{kW})$$

式中：Q_{sorb} 为吸收式制冷机组输出的冷量；Q_H 为热量；COP_{sorb} 为吸收式制冷机组的性能系数。

由于每天余热输出 8h，每月按照 30 天计算，总的制冷量为

$$Q_{sorb, month} = Q_{sorb} \times 8 \times 30 = 64 \times 8 \times 30 = 15.36(\text{MWh})$$

式中：$Q_{sorb, nonth}$ 为吸收式制冷机组每月输出的总冷量。

吸收式制冷提供了冷量，也就是这部分冷量不再由电网的电量驱动压缩式制冷来提供，此时节省的电量为

$$W_{elec, sorb} = \frac{Q_{sorb, month}}{COP_{elec}} = \frac{15.36}{6} = 2.56(\text{MWh})$$

式中：$W_{elec, sorb}$ 为采用吸收式制冷机组后，每月可以节省的电量；COP_{elec} 为电驱动制冷的性能系数。

总的节能的能量是（1）太阳能发电量与（2）余热制冷节省的电量之和，即

$$W_{elec} = W_{elec, sorb} + W_{sor, month} = 2.56 + 8.64 = 11.2(\text{MWh})$$

因此该工厂可以采用太阳能发电、储电，结合余热制冷的方案实现节能。每月可以节省的电量为 11.2MWh。

5.5　储能与综合能源系统的总能与总㶲利用率

数字资源

5.5.1 课堂视频：
总能与总㶲利用
率及其与利用效
率的差别

　　能量流和㶲流分析，需要找出能量输入端、能量需求端，同时需要找到可以使用的能量转换循环以及所对应的驱动温度，进而得到可能应用的技术手段。需要注意可以应用的方案不是唯一的，每一种方案都具有一定的优势，同时也会具有一定的缺点，需要辩证地加以分析与讨论。还有就是技术的发展非常迅速，本教材中给出了分析的方法和手段，相关的性能数据等信息，需要通过文献阅读获得，同时这些信息是与时俱进的，并不是一成不变的，这是在分析储能与综合能源系统时需要注意的重要事项。

　　储能与综合能源系统另外的一个重要指标，是总能利用率和总㶲利用率，这里有两部分需要分别来计算，一部分是电量和动力的总能利用率，另一部分是余热的总能利用率和总㶲利用率。之所以分别计算是因为两者的品位有差别，同时利用方式也有差别。电量和动力这类能量在工业园区中大部分是直接利用的，也有一部分用来驱动制冷循环与热泵循环。而余热大部分需要采用能源转换循环转换成冷量或者电量，部分直接利用。

　　针对电量和动力的总能利用率公式为

$$\eta_{tot} = \frac{\sum W_{out}}{\sum W_{in}} \tag{5-15}$$

式中：η_{tot} 为总能利用率；W_{out} 为输出的电量与功；W_{in} 为太阳能、风力、压缩空气储能等可再生能源以及储能过程输入的电量与功。

　　总能利用率与能量效率是两个不同的概念，总能利用率关注的是输入的总的能量被有效利用了多少，例如太阳能发电与储电综合能源系统，总能利用率关注的是太阳能发出来的电经过储电后，最终可以释放的电量，也就是释放的电量除以总的太阳能发电量。当太阳能发电没有出现弃电的情况时，这个数值与储能效率相等，但是如果出现了弃电情况，两者之间则会不同。也就是说，当太阳能所发出的电量无法消纳，且没有较完善的储电措施时，需要弃电，此时太阳能输出的能量和进入到储能系统的能量会不一致。还有就是在输出过程中有动力消耗等相关情况，例如压缩空气储能过程中有压缩机功的消耗，空气流出气瓶提供动力的过程中，也会有流阻等损耗，都会导致输出的动力与输入的动力不一致。能源输入没有考虑火力发电，主要原因是这类能量输入是可以通过能源转换环节的灵活调节实现输出的调控，所以一般不考虑弃电的情况。

　　式（5-15）中，电力和动力本身就等价于㶲，所以总能利用率的公式足以体现系统的性能，无需再进行㶲的分析。

　　对于电量和动力的储存来说，总能的利用率在某些特殊的情况下与储能效率数值相等。例如如果电量的输入只有太阳能发电，没有其他能量，此时输入系统的电量为太阳能发电，输出系统的能量为储电后的电量，则总能利用率与储能效率相等。如果输入的能量为多股能量流，则总能利用率和储能效率会完全不同。

针对余热的总能利用率公式为

$$\eta_{\text{tot}} = \frac{\sum Q_{\text{u}}}{\sum Q_{\text{in}}} \qquad (5\text{-}16)$$

式中：Q_{u} 为被有效利用的热量；Q_{in} 为以环境为基准，余热所具有的总热量。

热量利用的总能利用率，需要注意输入的热量需要以环境为基准进行计算，这一点是与能量效率的计算是不同的，总能利用率的收益考虑的是总热量被有效利用的量为多少，而能量效率则主要是能量转换的效率。还是以余热的冷热电联供系统为例，假设余热进入综合能源系统的温度为 200℃，输出的温度为 70℃，在计算能量效率时，需要考虑的是 70～200℃之间余热的热量，以及输出的冷、热、电联供的能量。在计算总能利用率时，输入能量需要考虑的是环境温度到 200℃之间的热量，输出的能量则是 70～200℃之间的热量，也就是体现了总热量被有效利用的数值。

针对余热的总㶲利用率为

$$\eta_{\text{ex, tot}} = \frac{\sum \left[Q_{\text{u}} \times \left(1 - \dfrac{T_0}{T_{\text{u}}} \right) \right]}{\sum \left[Q_{\text{in}} \times \left(1 - \dfrac{T_0}{T_{\text{in}}} \right) \right]} \qquad (5\text{-}17)$$

式中：T_{u} 为被有效利用的热量所具有的温度；T_{in} 为输入热量所具有的温度。

通过式（5-16）、式（5-17）可以看出，对于一定品位的热能，采用梯级能量回收技术，并结合储能将能量转移到合适的时间中释放，这些措施都可以有效提高有效利用的热量和㶲的数值，从而提高总能和总㶲的利用率。

例 5-5　针对例 5-4，假设太阳能出现了弃电的现象，每月消耗掉的电量为 8MWh，分别计算太阳能发电量的总能利用率和工厂余热的总能和总㶲利用率，试查阅资料，思考未来随着技术的发展，是否有可能进一步提升总能利用率。假设环境温度为 30℃。

解　首先分析电量的利用，然后再分析余热的利用。

通过例 5-4，已知太阳能原始输入能量为 80kW，理论上每月的发电量为

$$W_{\text{sor, ideal, month}} = W_{\text{sor, ideal}} \times 4 \times 30 = 80 \times 4 \times 30 = 9.6 (\text{MWh})$$

电能的总能利用率是太阳能真实输出的电量除以太阳能理论输入电量，则电量的总能利用率为

$$\eta_{\text{elec, tot}} = \frac{W_{\text{sor, month}}}{W_{\text{sor, ideal, month}}} = \frac{8}{9.6} = 0.83$$

余热的总能利用率为已经得到利用的热量除以相对于环境温度的总热量。环境温度为 30℃，同时例 5-4 已经给出所消耗的热量为 85～150℃，所以

$$\eta_{\text{heat, tot}} = \frac{Q_{\text{u}}}{Q_{\text{total}}} = \frac{q_{\text{m}}c \times (150 - 85)}{q_{\text{m}}c \times (150 - 30)} = \frac{65}{120} = 0.542$$

式中：q_{m} 为工质的流量；c 为余热工质的热容。

计算余热的总㶲利用率需要计算热量的平均温度，分别是已经利用的热量的平均温度，以及总热量的平均温度

$$T_{\text{u, m}} = \frac{q_{\text{u}}}{c\ln\dfrac{T_1}{T_2}} = \frac{65}{4.18 \times \ln\dfrac{150 + 273}{85 + 273}} = 93(\text{℃})$$

$$T_{\text{total, m}} = \frac{q_{\text{total}}}{c\ln\dfrac{T_1}{T_2}} = \frac{120}{4.18 \times \ln\dfrac{150 + 273}{30 + 273}} = 86(\text{℃})$$

总㶲利用率为

$$\eta_{\text{heat, tot}} = \frac{Ex_{\text{u}}}{Ex_{\text{total}}} = \frac{65 \times \left(1 - \dfrac{30 + 273}{93 + 273}\right)}{120 \times \left(1 - \dfrac{30 + 273}{86 + 273}\right)} = 0.598$$

结果显示由于余热制冷所消耗的热量的温度高于热量从原有温度降低到环境温度的平均值，因此余热利用的总㶲利用率略大于总能利用率。

针对本例题，太阳能的总能利用率和储能效率不同，例 5-3 中的储能效率取为 0.9，高于例 5-4 的总能效率（即 0.83），主要原因是发生了弃电的情况，导致总能利用率下降。继续分析计算结果，可知电量总能利用率提高的重点还是在于储能技术的发展与提升策略，而余热总能利用率的提高，则需要从余热的梯级利用出发，例如构造梯级循环，实现电冷的联供，以及新型的可以实现高效的低温制冷或者发电的技术，因此未来技术的发展方面，可以通过查阅资料，从以上几个方面进行研究，总的目标是使得可以利用的余热品位有效降低。

思 考 题 与 习 题

5-1　目前太阳能发电一般采用光伏逆变器就可以实现电量输出与使用，试查阅资料，说明在光伏逆变器、并网逆变器可以满足太阳能光伏发电平稳输出的条件下，为什么还需要太阳能电池储能。注：完成作业需要标注参考文献。

5-2　目前市场上的余热制冷机组主要是溴化锂—水机组，包括单效、双效、三效三类循环，试查阅资料，得到夏季环境温度为 28～35℃时，三类循环的大致热效率和驱动热源温度的范围。注：完成作业需要标注参考文献。

5-3　热量的储存包括了显热储存、相变储存以及热化学储存，试查阅资料，说明

三类热量储存技术的优缺点，并给出适合储存 60～80℃热量、130～150℃热量的合适工质。注：完成作业需要标注参考文献。

5-4 压缩空气储能与抽水储能均为动力储能过程，试比较两者的优缺点，并给出储能效率大致的范围。注：完成作业需要标注参考文献。

5-5 某工厂具有电力、动力、制冷三类需求，其中动力为最重要的能源输出，同时具有太阳能发电能力以及 150℃的余热，试绘制该工厂能量梯级利用的流程图（类似图 5-15），并给出可以利用的节能方案。

5-6 某工厂屋顶可以安装太阳能发电装置的面积为 600m²。其电力消耗白天为 300kW，夜间为 50kW。试结合太阳能发电技术与储能技术，为该工厂设计合理的节能方案。

5-7 某工厂可以安装太阳能发电装置的面积为 300m²。工厂排放的余热为废蒸汽，温度为 200℃，85～200℃可用的热量为 40kW，每天排放时长为 8h。工厂需要制冷量为 600kW，同时需要 60～85℃之间的热量为 6kW。目前工厂采用电网电力进行制冷以及动力输出，制冷 COP 为 6，试通过绘制流程图，为该工厂设计节能方案，并选择其中的一种方案，计算每月可以节约的电量。

5-8 例 5-4 中，节能方案采用了余热制冷的方案来提供冷量，若采用余热发电方案，再通过电量制冷，也可以满足工厂的电冷需求，试通过能量分析与㶲分析，计算这种方案的节能效果，并与余热制冷的方案进行对比。

5-9 工厂排放的余热为废蒸汽，温度为200℃，工厂有较多的电量、冷量需求，在余热驱动的能量转换循环中，假设单一余热发电或者制冷循环的换热温差是 50℃，试构造单一的余热发电循环、余热制冷循环，以及梯级的余热发电与制冷循环，并计算不同循环所对应的余热的总能利用率与总㶲利用率。同时计算针对 1kW 的热量输入，不同循环输出的电量和制冷量。注：相关能源转换循环的能量效率与㶲效率参数，可以通过文献获得。完成作业需要标注参考文献。

5-10 某工厂排放大量的废热，温度为 150℃，85～150℃可用的热量为 120kW，每天排放时长为 8h。工厂白天需要的冷量为 60kW，夜间需要的冷量为 30kW。目前工厂采用电网电力进行制冷以及动力输出，制冷 COP 为 6，试通过能量流与㶲流分析，为该工厂设计节能方案。试计算每月可以节约的电量。注：所涉及的储冷知识，需要查阅相关文献，完成作业需要标注参考文献。

第 6 章

储能系统的碳排放与经济性分析

6.1 新型储能技术的碳减排效应

1. 储能系统的碳减排效应概述

数字资源

6.1.1 拓展阅读：基于排放因子法的抽水蓄能碳减排量化方法

6.1.2 拓展阅读：基于 CCER 规则的抽水蓄能碳减排计算方法

　　物理储能技术涵盖了多种形式，如抽水蓄能、飞轮储能以及相变储能等。鉴于可再生能源，尤其是风能和太阳能发电的随机性和不稳定性，物理储能技术成为了平衡能源输出和时间转移能量的关键解决方案。类似地，电化学储能技术因其建设周期短、调节性能优越，能够迅速响应电力系统需求，为系统引入灵活性和可调度性，提高能源网络的稳定性和安全性。与传统能源应用方法相比，物理储能技术及电化学储能技术在储能和释能的过程中通常不涉及化石燃料的燃烧，其在运营期间的碳排放量显著低于传统能源应用方法，因此其直接碳排放几乎可以忽略不计。这类储能技术的碳减排效应主要体现在对传统火力发电燃煤的碳减排方面。

　　下面以抽水蓄能技术为例简单说明物理储能技术的减排机理。图 6-1 为某地区典型日的功率曲线。其中，白色色块是负荷处于低谷而风电/光伏等新能源大量供应时段 [图 6-1（a）]，此时进行抽水蓄能，存储系统内多余新能源电量 [图 6-1（b）]。灰色色块是负荷处于高峰而新能源少量供应时段 [图 6-1（a）]，此时抽水蓄能系统发电 [图 6-1（b）] 将存储的电量释放以补充系统内电量缺口。由此可以看出，抽蓄技术与系统负荷与新能源发电密切配合，通过灵活调节系统内的平衡，保障新能源充分消纳，并在高峰时段释放储存的电能以替代火电出力，从而降低系统碳排放量。

　　基于零碳燃料的化学储能是另一类新型储能技术。与传统的化石燃料相比，氨氢等零碳燃料具有来源广、绿色无污染、可再生等优点。因此自 21 世纪以来，氢能为首的燃料储能技术成为了多个国家能源体系中的重要组成部分。然而，在考虑燃料储能的碳减排效应时，需要额外考虑氨氢等零碳燃料制取过程中化学反应导致的碳排放。

　　根据制取方式，氢能可分为灰氢、蓝氢、绿氢。灰氢由天然气或甲烷的蒸汽重整工艺

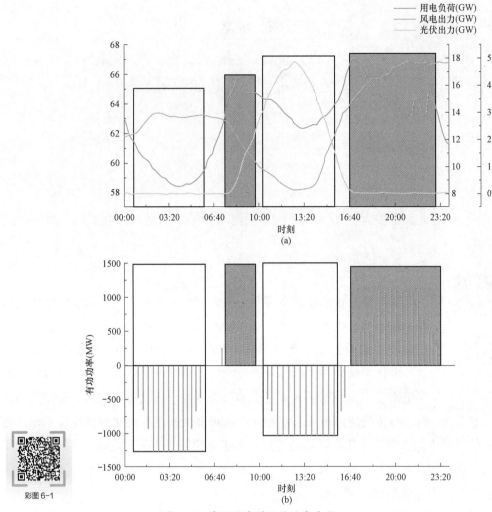

图 6-1 某地区典型日的功率曲线

(a) 风电光伏出力与负荷对比曲线；(b) 1200MW 抽水蓄能电站工作曲线

制得，但过程中不捕获产生的温室气体。目前世界上有超过 50% 的氢气是通过甲烷蒸汽重整制氢（SMR）方式获得的，其总化学反应式为

$$CH_4(g) + H_2O \Longrightarrow CO(g) + 3H_2(g) \tag{6-1}$$

对于上述 SMR 过程，每摩尔甲烷燃烧会产生 1mol 的 CO_2。实际生产中的效率通常低于理论值，因此需要根据实际生产效率来调整理论氢气产量和 CO_2 排放量。

$$E_r, CO_2 = E_t, CO_2 \times \eta_p \tag{6-2}$$

式中：E_r, CO_2 为实际 CO_2 排放量；E_r, CO_2 为理论 CO_2 排放量；η_p 为生产效率。

通过上述公式，可以计算出制取一定量氢气时的实际 CO_2 排放量。此计算方法暂时没有考虑甲烷逃逸排放等因素，此类因素将在蓝氢制取过程碳排放计算部分进行分析。

蓝氢也由化石燃料制备，其与灰氢的区别在于蓝氢将二氧化碳通过碳捕集与封存技术（CCS）再利用，从而减少能源生产中的温室气体排放。同时，蓝氢的生产也需要注意控制可能的更高逸散物和甲烷的排放。目前，较为成熟的 CCS 技术可以有效捕获和封存 80%～95%的 CO_2。蓝氢制取过程中的碳排放计算涉及几个关键因素，包括原料的碳含量、CCS 技术的效率，以及可能的甲烷逃逸等。以下是一个简化的计算方法：

（1）无碳捕集系统时实际 CO_2 排放量可由式（6-2）计算。

（2）CCS 捕获的 CO_2 量为

$$M_{CC} = M_{TC} \times \eta_C \tag{6-3}$$

式中：M_{CC} 为 CCS 捕获的 CO_2 量；M_{TC} 为系统输入的 CO_2 量；η_C 为 CCS 捕获效率。

（3）甲烷逃逸排放的 CO_2 当量为

$$RCO_2,CH_4 = mCH_4 \times \frac{MCO_2}{MCH_4} \times GWPCH_4 \tag{6-4}$$

式中：RCO_2,CH_4 为甲烷逃逸排放 CO_2 当量；mCH_4 为逃逸甲烷质量；MCO_2 为 CO_2 摩尔质量；MCH_4 为甲烷摩尔质量；$GWPCH_4$ 为甲烷全球增温潜势。

GWP 是衡量各温室气体对全球变暖影响的评价指标。具体而言，联合国政府间气候变化专门委员会（IPCC）将二氧化碳的 GWP 值设定为 1。进一步，以二氧化碳为基准，通过比较其他温室气体在特定时间内对大气中辐射强度的贡献，即可评估其 GWP 值。所有温室气体的 GWP 值可在 IPCC 发布的评估报告中。

（4）总碳排放量为

$$E = E_r,CO_2 - M_{CC} + RCO_2,CH_4 \tag{6-5}$$

式中：E 为总碳排放量。

绿氢，也被称为"可再生氢"或"清洁氢"，它通过可再生能源（如太阳能、风能、水能等）对水进行电解，分解为氢气和氧气来获取氢气。因此，在绿氢的制取过程中，不产生碳排放。

2. 新型储能技术的碳减排核算方法

CCER（Chinese Certified Emission Reduction）是一种用于评估储能技术降低碳减排量的核算方法。该方法可为温室气体减排项目开发、实施、审定和减排量核查等过程提供指导。除此之外，CCER 方法还可应用在项目的碳排放基准线识别、额外性论证、减排量核算和监测计划制定等方面。CCER 的计算过程需考虑适用条件、基准线情景、额外性论证、减排量计算、监测等要点。其原理是比较项目情景与基线场景下的温室气体排放量间的差值来确定项目的碳减排效果。通常，这里需要设置两种情景：基准线情景（无储能系统）和项目情景（有储能系统耦合）。

具体而言，在基准线情景中，因系统不包含储能系统，所以其负荷低谷时段没有电能消耗和碳排放。但在负荷高峰时段，因为缺少储能系统进行顶峰出力，此时就需要其

他电源进行顶峰出力，故而

系统的碳排放量=原本储能系统应发出的电量×区域电网排放因子

在中国，电力平均排放因子有多种类型。如全国电网平均排放因子：主要用于全国碳市场企业核算电力间接排放进行履约；区域电网基准线排放因子：主要用于开发施工设计与管理项目（Construction Design and Management，CDM）或者中国核证自愿减排量项目（China Certified Emission Reduction，CCER）时核算项目的减排量；省级电网平均排放因子：以省级行政区域边界为划分，支撑编制省级温室气体排放清单以及省内各级政府碳强度下降目标考核。

在项目情景中，系统配备储能系统。因此，在负荷低谷时段，储能系统可以吸收系统内多余电量，其碳排放量为储能系统储存电量乘以当前碳排放因子。在此期间，系统中的电量同时来自新能源发电和火力发电，其中新能源的排放因子为 0，仅需计算其中火电碳排放。

储能系统排放量 = 储能系统储存电量×火电发电量占系统总电量比例×火电排放因子

而在负荷高峰时段，项目情景中的储能系统可以进行顶峰出力，发出清洁电力，因此此时的碳排放为0。基于以上情景设置构建减排数学模型。

（1）基准线情景排放量为

$$B_y = \sum_{i=1}^{n} G_{i,y} F_{\text{grid},y} \qquad (6-6)$$

式中：B_y 为第 y 年的基准线排放；$G_{i,y}$ 为第 y 年储能系统第 i 次发电的发电量；$F_{\text{grid},y}$ 为第 y 年的区域电网排放因子 [t/(MWh)]。这些值可以通过生态环境部或国家统计局发布的相关文件获取。

（2）项目情景排放量为

$$P_y = \sum_{j=1}^{n} M_{j,y} f_y F_{\text{tp},y} \qquad (6-7)$$

式中：P_y 为第 y 年的项目排放；$M_{j,y}$ 为第 y 年储能系统第 j 次储存的储存电量；f_y 为第 y 年储能系统储能时段系统中的火电电量占比；$F_{\text{tp},y}$ 为第 y 年的火电排放因子 [t/(MWh)]。

（3）项目减排量为

$$R_y = B_y - P_y \qquad (6-8)$$

式中：R_y 为第 y 年的减排量。

例 6-1 以华东区域桐柏电站为代表，应用相关数学模型，计算桐柏电站 2022 年全年的减排量。

解 按照式（6-6）中的排放因子，排放因子选用生态环境部发布的 2022 年区域电网排放因子，见表 6-1，其中华东区域为 0.6908t/(MWh)。

按照式（6-7）中的火电排放因子，选用生态环境部公布的 2022 年数据，见表 6-2。由于目前燃气、燃油和垃圾发电电量在系统中占比极小，火电排放因子选用燃煤机组因子 0.7605t/(MWh)。通过统计 2022 年中国各区域电量数据，计算全年火电发电量占比，并结合各区域抽水蓄能电站工作时间，计算抽水时段区域火电发电量占比，结果得华东区域抽水时段火电电量占比为 65.40%。

表 6-1　　　　　　　　2022 年减排项目中国区域电网基准线排放因子

区域	电量边际排放因子（t/MWh）	容量边际排放因子（t/MWh）	组合排放因子（t/MWh）
华东	0.7921	0.3870	0.6908
华中	0.8587	0.2854	0.7154
华北	0.9419	0.4819	0.8269
东北	1.0826	0.2399	0.8719

表 6-2　　　　　燃煤、燃气、燃油、垃圾焚烧发电机组单位电量 CO_2 排放因子

机组类型	最佳供电热效率（%）	燃料 CO_2 排放因子（t/GJ）	单位电量排放因子（t/MWh）
燃煤机组	41.33	0.0873	0.7605
燃气机组	55.05	0.0543	0.3551
燃油机组	52.90	0.0755	0.5138
垃圾发电	23.82	0.0733	1.1080

桐柏电站 2022 全年发电量 1589210.18MWh，基准线排放为

$$B_y = \sum_{i=1}^{n} G_{i,y} F_{grid,y} = 1589210.18 \times 0.6908 = 1097826.39(t)$$

桐柏电站 2022 全年抽水电量 1936234.89MWh，项目排放为

$$P_y = \sum_{j=1}^{n} M_{j,y} f_y F_{tp,y} = 1936234.89 \times 65.40\% \times 0.7605 = 963019.34(t)$$

按照式（6-8），2022 年减排量为

$$R_y = B_y - P_y = 1097826.39 - 963019.34 = 134807.05(t)$$

通过计算可得，华东地区桐柏抽水蓄能电站 2022 年全年的碳减排量为 134807.05t。

例 6-2　假设一个蓝氢生产厂每天使用天然气通过蒸汽甲烷重整（SMR）过程生产氢气，在此过程中消耗 10000kg 的天然气。SMR 过程的效率为 70%，CCS 技术能够捕获 80% 的 CO_2 排放。天然气的主要成分是甲烷（CH_4），占 95%，其余为不产生 CO_2 的气体。在生产过程中，有 0.5% 的天然气未反应逃逸到大气中。已知甲烷的全球增温潜势为 25。计算该过程的碳排放。

解　碳在甲烷中的比例为 12÷16 = 0.75

10000kg 的天然气中甲烷质量为 10000 × 95% = 9500(kg)

$$E_t, CO_2 = 9500 \times \frac{44}{16} = 26125(kg)$$

$$E_r, CO_2 = E_r, CO_2 \times \eta_p = 26125 \times 0.7 = 18287.5(kg)$$

$$M_{CC} = M_{TC} \times \eta_C = 18287.5 \times 0.8 = 14630(kg)$$

$$mCH_4 = 10000 \times 0.005 \times 0.95 = 47.5(kg)$$

$$RCO_2, CH_4 = mCH_4 \times \frac{MCO_2}{MCH_4} \times GWPCH_4 = 47.5 \times \frac{44}{16} \times 25 = 3265.6(kg)$$

$$E = E_r, CO_2 - M_{CC} + RCO_2, CH_4 = 18287.5 - 14630 + 3265.6 = 6923.1(kg)$$

6.2 储能系统的全生命周期碳足迹分析

综合能源系统是指通过协调规划多种异质能源的生产、传输与分配、转换、存储及消费等多个环节，从而实现能源间互补互济与整体运作最优化，促进能源利用的高效协同与可持续发展。该系统旨在提供可靠性高、经济性好且对环境影响小的能源服务，对于提高能源利用率、改善环境污染、满足用户多样化能源需求具有重要意义。储能系统是综合能源系统的核心，能够进行能量在时间和空间上的转移，实现削峰填谷、平稳波动以及响应需求的功能。目前储能技术主要包括抽水蓄能、电化学储能、压缩空气储能以及氢储能等。本部分将对综合能源系统中储能系统的全生命周期碳排放进行深入探讨。

数字资源

6.2.1 拓展阅读：
LCA方法的发展历史及展望

6.2.2 拓展阅读：
常用碳排放因子数据库汇总

6.2.3 课程视频：
LCA方法讲解

1. 储能系统的全生命周期碳足迹

储能系统的全生命周期碳足迹可划分为四个阶段：生产阶段的碳排放、建造阶段的碳排放、运营阶段的碳减排及其退役阶段对环境的影响。

（1）生产阶段的碳排放。

生产阶段的碳排放主要来源于产品材料获取、部件制造及装配等环节，其中产品材料的获取又可具体划分为原料阶段、中间料阶段以及产品材料阶段。不同的储能技术采用不同的制造流程，各自具有独特的碳足迹。

不同原材料和生产工艺的选择会影响能耗，从而对碳排放产生很大程度的影响。此外，不同的生产地点意味着不同的矿物分布及能源结构，直接影响运输及电力消耗带来的碳排放。显然，将储能设备生产转移到可再生能源资源丰富的地区，使用绿色化程度高的电力生产储能设备有助于减少碳排放。

（2）建造阶段的碳排放。

完成储能设备的生产后，还需要进行储能系统的构建，这个阶段的碳排放主要来源于建材和设备运输、储能系统的组装，以及相关配套设施的建设等环节。首先，储能设备通常需要从生产地点运送到安装地点，在运输过程中会产生一定程度的碳排放。随后进行储能系统的安装，该过程包括组装、连接电网和系统调试等步骤。这可能需要使用大量建筑材料和机械设备，其生产和运输也将产生碳排放。此外，储能系统需要周边基础设施的支持，配套设施的建设也是碳排放的重要来源。

（3）运营期间的碳减排。

储能系统可以实现能量在时空上的转移，各类储能技术在传统电力系统及未来清洁能源系统上的应用可以实现在运营期间的碳减排。以传统火力发电模式为例，直接通过火电站参与调峰时，火电机组会运行在低功率区域，不仅会降低机组寿命还会大量提高煤耗，使得碳排放增加。采用储能系统与火电机组配合，发挥削峰填谷作用，保证火电机组可始终运行在最优工况，降低燃煤消耗率，从而减少碳排放。

储能系统还可以克服可再生能源（如太阳能和风能）的间歇性和随机性。如图 6-2 所示，黑色曲线为可调度入网出力曲线，由电网负荷决定；蓝色为风电出力曲线。在风能充足时，风电出力大于电网负荷，储能装置将多余的电能进行充电储存起来，减少弃风现象；而在无风条件时，风电出力小于电网负荷，储能装置又可以释放电能，为电网提供紧急功率支撑，防止电压瞬时跌落，从而保证平滑电力供应。通过这种方式，可减少对基于化石燃料的

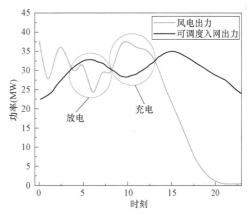

图 6-2　风电与储能系统合成出力曲线

发电方式的依赖，提高可再生能源装机的占比，减小火电装机占比，储能系统有望大幅降低碳排放。

除了在发电侧的应用，储能系统还可以应用在电网侧及负荷侧，提高电力系统的效率，减少能源浪费，从而进一步减少碳排放。在电网侧，储能系统可以安装在电网的关键节点，减少长距离输电过程中的能量损耗，提高电力传输和分配的效率；在负荷侧，储能系统能够在用电低谷时储存电能，并在用电高峰时释放电能，以平稳负荷曲线，减少设备扩容需求，从而提高电网的经济运行效率。例如车辆到电网（Vehicle-to-grid，V2G）技术（见图 6-3），其核心是电动汽车与电网的互动关系。电动汽车可以主动将电池中富余的电能反向销售给电网，帮助缓解电网压力；而当电网负荷过低或发电量过剩时，电动汽车则作为分布式储能单元，存储电网的多余发电量，不仅平衡了电网供需，还显著减少了火电在削峰填谷过程中的使用，从而减少了火电在削峰填谷中的使用，进而有效降低了碳排放。

（4）退役阶段对环境的影响。

储能系统的退役也需要考虑其环境影响，这包括设备的处理、回收和处置。例如锂离

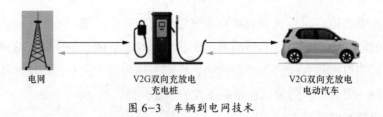

图 6-3　车辆到电网技术

子电池的回收和再制造，不仅可以减少电池对土壤、水等环境的污染，还可以缓解锂、钴、镍等金属资源短缺问题，降低电池在生产过程的产品材料获得阶段造成的碳排放，实现循环经济，对于降低成本和降低碳排放具有重要意义。锂离子电池的回收方法包括火法回收、湿法回收和直接回收。火法回收主要通过高温处理将电池材料中的金属元素以气态或液态形式分离出来，湿法回收利用化学溶剂将废旧电池中的有价金属元素溶解，再通过一系列提纯步骤实现金属的回收再利用。相比火法回收高温条件带来的高能耗，湿法回收由于其高选择性和低能耗的特点，具备更加优越的碳减排效果。如图 6-4 所示，在 2020 年我国平均电力结构下，采用湿法回收与火法回收可使电池生产阶段的碳排放分别降低 32% 与 3.5%。

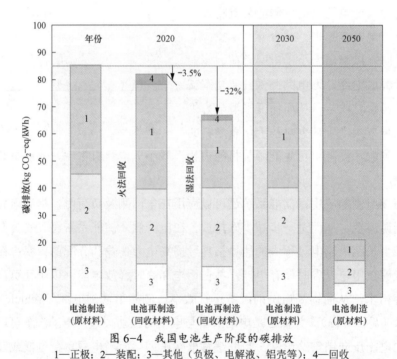

图 6-4　我国电池生产阶段的碳排放
1—正极；2—装配；3—其他（负极、电解液、铝壳等）；4—回收

相比锂离子电池，一些技术如压缩空气储能可能在退役时更容易实现可持续的处理。压缩空气储能系统在退役时，需要进行设备的拆除和回收，对于回收价值不高的材料，通常采用直接填埋的方式处理。与压缩空气储能电站（CAES）类似，抽水蓄能系统在退役阶段回收的主要材料也是金属废料。抽水蓄能系统在退役处置阶段还需要考虑

对周围环境的恢复。

2. 储能系统的全生命周期碳排放分析方法

全生命周期分析（Life Cycle Assessment，LCA）是一种评价产品、服务或流程在其整个生命周期内对环境影响的工具，其研究范围跨越从原材料提取、加工制造、运输配送、储存使用直至最终回收或处置的每一个阶段，能够对产品或服务进行全方位考量，是当前最常用的碳足迹分析方法。按照 ISO14040 标准制定的 LCA 评价框架，LCA 的实施过程被严谨地划分为系统边界、清单分析、影响评估和解释说明四个关键阶段，如图 6-5 所示。

（1）系统边界确定。

这是建立 LCA 评价模型的第一步，也是最关键的一步，系统边界确定的合适与否直接决定评价结论的准确程度。目标与范围的确定就是明确 LCA 研究的目的和应用意图，确定所研究的产品和系统边界，并阐述评价系统的功能单位、数据要求和假设条件等。在储能系统的 LCA 评价模型中，通常以特定储能技术生产 1kWh 电能作为功能单位。研究范围通常包括四个主要阶段：生产阶段（包括原材料采集、部件生产和组装）、建造阶段（包括部件和其他原材料从产地运输到建造地点、园区和厂房建设以及整个系统的组装）、运营阶段和回收阶段，如图 6-6 所示。

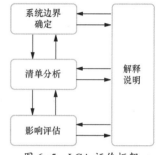

图 6-5　LCA 评价框架

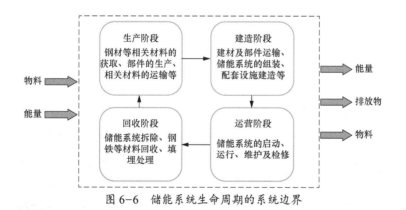

图 6-6　储能系统生命周期的系统边界

（2）清单分析（关联性）。

清单是 LCA 过程中各类基础数据的体现形式。清单分析是针对某个产品或系统，收集其在全生命周期内各项输入和输出项目的清单数据，并对收集到的数据进行必要的分析计算。此过程要求广泛收集数据，通常涵盖各原材料及二次能源生产过程的能耗及碳排放因子；基础设施及配套设施建设过程，以及运行和回收过程的物耗、能耗和碳排放因子等数据。清单数据收集是否完整、准确，直接关系到 LCA 分析结果的准确程度。

（3）影响评估。

影响评估是在清单分析的基础上对整个生命周期内所产生的环境影响进行评估，例如温室气体排放、资源消耗、水污染、土壤污染等。对于储能系统的LCA碳排放分析，考虑每功能单位的碳排放

$$E = \frac{E_{total}}{Q_{total}} \tag{6-9}$$

式中：E_{total} 为储能系统在整个生命周期的总碳排放；Q_{total} 为储能系统在整个生命周期生产的总功能单位数量。

$$E_{total} = \sum_{i=1}^{3}(E_{M,i} + E_{E,i}) + E_{recycle} \tag{6-10}$$

式中：E_M 为因所需物料的工业生产过程而带来的直接碳排放；E_E 为因投入能量而带来的间接碳排放；i 为生产阶段、建造阶段、运营阶段；$E_{recycle}$ 为回收阶段产生的碳排放。

$$E_{M,i} = \sum_{j}(EF_{M,i,j} \times AD_{M,i,j}) \tag{6-11}$$

$$E_{E,i} = \sum_{k}(EF_{E,i,k} \times AD_{E,i,k}) \tag{6-12}$$

式中：j 为不同的物料，常见的物料包括钢铁、混凝土、铝及其合金、玻璃、合成油和熔盐等；k 为不同的投入能量形式，常见的投入能量形式包括电力、热力（蒸汽、热水）等；EF_M 为所需物料生产过程的碳排放因子；EF_E 为投入能量的碳排放因子；AD_M、AD_E 为活动数据，分别为物料消耗的数量和投入能量的数量。

对于回收阶段，尽管物料在回收过程中也需要投入能量，产生一定程度的碳排放，但与直接生产相比，回收产生的碳排放通常更小。因此可认为回收阶段的碳排放为负值

$$E_{recycle} = \sum(EF_{recycle,n} - EF_{recyclem,n}) \times AD_{recycle,n} \tag{6-13}$$

式中：n 为不同的回收物料；$EF_{recycle,n}$ 为物料回收过程的碳排放因子；$EF_{recycleM,n}$ 为对应物料的生产过程的碳排放因子。

碳排放因子（Emission Factor）是用来量化每单位活动水平的温室气体排放量的系数；活动数据（Activity Data）是指反映导致温室气体排放的生产或消费活动量的数值，包括但不限于电能消耗量、燃料消耗量等。

根据碳排放因子的定义，可以通过计算确定其数值。以某化石燃料燃烧的碳排放因子为例，其计算公式如下

$$EF_{Fuel} = CC \times OF \times \frac{44}{12} \tag{6-14}$$

式中：EF_{Fuel} 为该化石燃料的碳排放因子（tCO_2/GJ）；CC 为该化石燃料的单位热值含碳量（tC/GJ）；OF 为该化石燃料的碳氧化率（%）；44/12 为二氧化碳与碳的相对分子质量之比。

在实际进行LCA碳排放分析时，涉及实际过程较为复杂，数据广泛，这使得通过计算来获取碳排放因子变得相当困难。因此，为了简化和加速碳排放分析的过程，通常借

助已有的数据和报告,以获取可靠的碳排放因子。目前全球权威的碳排放因子数据库(EFDB)包括 IPCC 碳排放因子库、中国生态环境部 EFDB、欧盟版 EFDB、美国 EPA 版 EFDB 以及英国环境部 EFDB 等。

(4)解释说明。

解释说明是在研究目标和范围设定的基础上,对清单分析和影响评估的研究结果进行深入剖析和详尽阐释的重要环节。这个过程不仅仅是简单地概括数据,而是需要对数据进行全面识别、准确判断和深入检查。在这一阶段,研究者需要结合专业知识与实践经验,将研究结果与实际情况相结合,得出科学合理的结论。进一步深入挖掘数据背后的含义和潜在关联,为决策者提供更具针对性和可操作性的建议,从而更好地指导未来的环境管理、产品改进和可持续发展。

例 6-3 某抽水蓄能电站的运行参数见表 6-3,物耗清单见表 6-4。请使用全生命周期分析方法,对抽水蓄能电站进行碳排放分析(假设运行阶段消耗的所有电能均来自风电,回收过程中钢的回收率为 75%)。

表 6-3 某抽水蓄能电站的运行参数

参数	容量(MW)	年发电小时数(h)	年储电小时数(h)	生命周期(年)
数量	600	1500	2000	30

表 6-4 抽水蓄能电站物耗清单

种类	数值	单位
钢	19228	t
水泥	140348	t

解 (1)系统边界确定。

针对此抽水蓄能电站,对其 LCA 模型研究范围进行进一步假设简化:

1)对于生产及建造阶段,仅考虑物耗带来的碳排放。

2)对于运营阶段,忽略启动、维护及检修等环节带来的碳排放。

3)对于回收阶段,忽略填埋等带来的碳排放。

简化后的生命周期系统边界如图 6-7 所示。

(2)清单分析(关联性)。

选用 1kWh 电能输出作为碳排放计算的功能单位。对于该抽水蓄能系统,由容量、年发电小时数和生命周期可得整个生命周期发电总量。该系统碳排放来源于以下三个方面。

1)生产及建造阶段:由于物耗带来的碳排放。

2)运行阶段:由于风电消耗带来的碳排放。

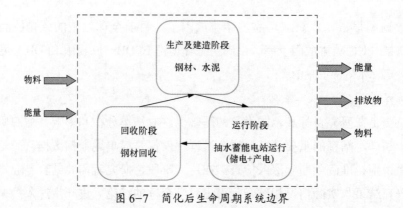

图 6-7　简化后生命周期系统边界

3）回收阶段：由于回收产生能量消耗带来的碳排放，回收率为 75%。

根据清单可确定各项活动数据。

钢铁消耗量：$AD_{M,12,1}=19228(t)$

水泥消耗量：$AD_{M,12,2}=140348(t)$

风电消耗量：$AD_{E,3,1}=600\times1000\times2000\times30=3.6\times10^{10}(kWh)$

回收钢铁量：$AD_{recycle,1}=19228\times0.75=14421(t)$

（3）影响评估。

基于表 6-3 和表 6-4，可以进行物质和能量平衡的综合分析，从而得出该抽水蓄能系统在各个阶段的排放情况及其比例。

根据题意，该抽水蓄能系统整个生命周期发电总量为

$$Q_{total}=600\times1500\times30=2.70\times10^{10}(kWh)$$

对于生产及建造阶段，消耗物料为钢铁和水泥，因此 $j=2$。该过程碳排放为

$$E_{M,12}=\sum_{j=1}^{2}(EF_{M,12,j}\times AD_{M,12,j})$$

查阅资料可知，产钢碳排放因子 $EF_{M,12,1}=1870kg/t$，产水泥碳排放因子 $EF_{M,12,2}=515kg/t$。代入上式可得

$$E_{M,12}=19228\times1870+140348\times515=1.08\times10^{8}(kgCO_2)$$

$$E_{E,12}=0$$

对于运营阶段，投入能量仅有风电一种，因此 $k=1$。该过程碳排放为

$$E_{M,3}=0$$

$$E_{E,3}=EF_{E,3,1}\times AD_{E,3,1}$$

查阅资料可知，风电碳排放因子 $EF_{E,3,1}=0.021kg/kWh$。代入上式可得

$$E_{E,3}=0.021\times3.6\times10^{10}=7.56\times10^{8}(kgCO_2)$$

对于回收阶段，回收物料仅有钢铁一种，$n=1$。该过程碳排放为

$$E_{recycle}=(EF_{recycle,1}-EF_{recycleM,1})\times AD_{recycle,1}$$

查阅资料可知，回收钢材碳排放因子为

$$EF_{recycle} = 454kg / t, \quad EF_{recycleM,1} = EF_{M,12,1} = 1870kg / t$$

可得

$$E_{recycle} = (454 - 1870) \times 14421 = -2.04 \times 10^7 (kgCO_2)$$

综上可得全生命周期的总碳排放为

$$E_{total} = \sum_{i=1}^{3}(E_{M,i} + E_{E,i}) + E_{recycle} = 1.08 \times 10^8 + 0 + 0 + 7.56 \times 10^8 - 2.04 \times 10^7 = 8.44 \times 10^8 (kgCO_2)$$

进而可得该抽水蓄能系统每生产 1kWh 电能所造成的碳排放为

$$E = \frac{E_{total}}{Q_{total}} = \frac{8.44 \times 10^8}{2.70 \times 10^{10}} = 3.13 \times 10^{-2} (kgCO_2/kWh)$$

由上述计算可得该抽水蓄能系统 CO_2 排放构成：根据表中数据可知，在运行阶段，抽水蓄能系统的 CO_2 排放占比最高，达到了 89.59%；物耗阶段排放占比为 12.83%；而在回收阶段，系统实际净排放为负值，占比为 -2.42%。综合各阶段的排放比例，系统总 CO_2 排放为 $3.1252 \times 10^{-2}kg/kWh$。

（4）解释说明。

从表 6-5 的数据可以看出，抽水蓄能系统在运行阶段的碳排放比例最高，这主要是由于驱动水泵所消耗的风电所致。与此相反，回收阶段的碳排放呈现负值，这是因为尽管钢铁在回收过程中也会产生一定程度的碳排放，但与直接生产相比，回收产生的碳排放更小，回收可重复利用的钢材在整个生命周期中有助于减少碳排放。

表 6-5　　　　　　　　　　　　　　抽水蓄能系统 CO_2 排放构成

阶段	CO_2 排放（$kgCO_2/kWh$）	比例
物耗阶段	4.0087×10^{-3}	12.83%
运行阶段	2.8000×10^{-2}	89.59%
回收阶段	-7.6000×10^{-4}	-2.42%
总计	3.1252×10^{-2}	100%

此外，通过生命周期分析还可以发现，尽管抽水蓄能系统在发电过程中利用水的动能和势能驱动水轮机发电，没有直接的碳排放产生，但是从整个生命周期角度考虑，由于其他环节带来的间接碳排放，抽水蓄能系统并不是零碳排放。

例 6-4　某电解水制氢系统运行及物耗参数见表 6-6。电力投入形式包括当前电网电力（火电主导）、光电和风电。氢气压缩方式采用液氢压缩。针对三种不同的电力，请使用生命周期分析的方法，对该电解水制氢项目进行碳排放分析。

解　（1）系统边界确定。

针对此电解水制氢项目，对其 LCA 模型研究范围做出适当假设简化：

1）由于与氢气制备相关的建筑以及机械设备等的生产、维护数据较少，难以统计获

表 6-6　　　　　　　　　　　　某电解水制氢系统运行及物耗参数

参数	年制氢体积（Nm³）	年耗电量（kWh）	年耗柴油量（t）
数量	$8.76×10^7$	$5.8×10^8$	122.8

取，并且参考国内外相关生命周期评价研究案例对这一过程也未予以考虑，因此仅考虑运营阶段的碳排放，忽略生产、建造及回收过程的碳排放。

2）对于该电解水制氢项目，其运营阶段还可进一步分为氢气制备、氢气压缩和运输以及应用阶段。

3）纯水生产消耗的电力与电解水制氢过程消耗的电力相比可忽略不计。

4）由于氢气不含碳，忽略其在应用阶段的碳排放。

简化后的生命周期系统边界如图 6-8 所示。

（2）清单分析（关联性）。

选用 1kg 氢气产品作为碳排放计算的功能单位。对于该电解水制氢系统，由年制氢体积和标准状态下氢气的密度，可得该系统年制氢总量。应当注意投入电力形式有三种，即当前电网电力（火电主导）、光电和风电。不同的电力形式具有不同的碳排放因子，这将对评估结果产生重要影响。在氢气制备过程中，纯水生

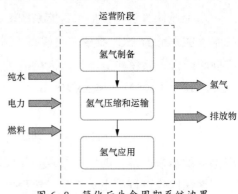

图 6-8　简化后生命周期系统边界

产消耗的电力与之相比可忽略不计，因此该过程只有电力消耗带来隐含的碳排放。对于氢气的压缩和运输环节，碳排放一方面来源于压缩氢气造成的电力消耗，另一方面来源于氢气在运输过程中燃料的消耗。忽略氢气在应用阶段的碳排放。

根据清单可确定各项活动数据如下。

电力消耗量：$AD_{E,3,1} = 5.8×10^8 (\text{kWh})$

柴油消耗量：$AD_{E,3,1} = 122.8(\text{t})$

（3）影响评估。

查阅资料可知，标准状态下（0℃，101.325kPa），氢气的密度为 0.089kg/m³。根据题意，该电解水制氢系统年制氢总量为

$$Q_{\text{total}} = 8760×1000×0.089 = 7.80×10^6 (\text{kg})$$

根据简化后的生命周期系统边界及假设，投入能量包括电力和燃料两种，因此 $k=2$，有

$$E_{\text{total}} = E_{M,3} + \sum_{k=1}^{2} E_{E,3,k} = EF_{E,3,1} × AD_{E,3,1} + EF_{E,3,2} × AD_{E,3,2}$$

式中：$EF_{E,3,1}$、$EF_{E,3,2}$ 分别为电力和柴油的碳排放因子。

结合题意并查阅资料，当投入电力形式为当前电网电力（火电主导）时，$EF_{E,3,1} =$

$0.5839\text{tCO}_2/\text{MWh}$；对于柴油，$EF_{E,3,2}=3.06\text{kgCO}_2/\text{kg}$。代入上式可得

$$E_{\text{total}}=0.5839\times5.8\times10^8\times10^{-3}+3.06\times122.8=3.39\times10^5\text{tCO}_2=3.39\times10^8(\text{kgCO}_2)$$

进而可得该电解水制氢系统每生产 1kg 氢气所造成的碳排放为

$$E=\frac{E_{\text{total}}}{Q_{\text{total}}}=\frac{3.39\times10^8}{7.80\times10^6}=43.44(\text{kgCO}_2/\text{kg})$$

同理，当投入电力形式为光电时，$EF_{E,3,1}=0.03\text{kgCO}_2/\text{kWh}$。此时计算得该系统每生产 1kg 氢气所造成的碳排放

$$E=2.28\text{kgCO}_2/\text{kg}$$

当投入电力形式为风电时，$EF_{E,3,1}=0.01\text{kgCO}_2/\text{kWh}$。此时计算得该系统每生产 1kg 氢气所造成的碳排放为

$$E=0.79\text{kgCO}_2/\text{kg}$$

（4）解释说明。

电解水制氢过程清洁，但消耗电能产生的隐含碳排放是不可忽视的，不同的电力来源是影响碳排放的重要因素。在该案例中，对比三种电力形式，电网电力（火电主导）的碳排放最高，是光电的 19.1 倍，是风电的 55.0 倍。

需要指出，以上两题所提的抽水蓄能系统案例及电解水制氢系统案例仅用于展示 LCA 评价的思想与方法。由于篇幅有限，题目在假设简化方面进行了大量处理。然而，在实际应用 LCA 评价方法进行碳排放分析时，需要更加全面地考虑整个生命周期中与碳排放相关的各个环节，以获得更加准确、解释性更强、对实际具有指导意义的结果。

6.3　储能系统的经济性分析

数字资源

6.3.1 拓展阅读：规模储能装置经济效益的判据

6.3.2 课程视频：YCC指数方法讲解

6.3.3 拓展阅读：考虑LCOE的电化学储能参与调峰辅助服务市场定价研究

6.3.4 拓展阅读：其他储能技术经济性评估方法综述

储能技术与综合能源系统在常规火力发电、可再生能源发电、分布式发电与微网等领域的作用不同，其收益模式和经济评价方法也不尽相同。本节将具体介绍两种典型的储能系统经济性评价方法，并展开讨论不同收益模式下储能技术的经济性模型。

1. 典型储能系统经济性评估方法

（1）YCC 指数方法。

在我国，最早的储能系统经济性评估方法称为 YCC（Yang-Cheng-Cao）指数方法，通过对比储能系统的总收益与总成本分析经济效益

$$YCC=\frac{R_{\text{total}}}{C_{\text{total}}}=\frac{R_{\text{out}}-\dfrac{R_{\text{in}}}{\eta}}{\dfrac{C}{DOD\times L}+C_0} \tag{6-15}$$

$$P_{\mathrm{m}} = (YCC - 1) \times 100\% \qquad (6-16)$$

式中：YCC 为经济效益指数；R_{total} 为总收益（元/kWh）；C_{total} 为总成本（元/kWh）；R_{out} 为释能电价（元/kWh）；R_{in} 为储能电价（元/kWh）；η 为储能系统效率；C 为输出 1kWh 电能的初始投资（元/kWh）；C_0 为输出 1kWh 电能的运行成本（元/kWh）；DOD 为充放电深度；L 为循环次数；P_{m} 为储能系统的收益率（%）。

值得注意的是，YCC 指数遵循了经济效果评价指标在工程技术经济学中的基本理念，即用效益与支出和损失加和之比来衡量经济效果。作为特定经济效果评估指标，YCC 指数方法能够衡量充放电 1kWh 在储能全寿命周期内产生的效益与成本之比。这对于宏观上判断储能装置是否盈利，以确定技术可行性，具有重要指导意义。

例 6-5 一家电力公司正在建设一个压缩空气储能系统，以帮助管理电力峰谷负荷和提供备用电力。以下是有关该系统的一些参数和数据。

（1）储能系统效率（η）：系统效率为 0.70（即 70%）。

（2）输出 1kWh 电能的初始投资（C）：2800 元/kWh。

（3）输出 1kWh 电能的运行成本（C_0）：0.1 元/kWh。

（4）充放电深度（DOD）：储能系统可以在每个充放电周期中使用 70% 的容量。

（5）循环次数（L）：系统预计在其寿命周期内将进行 60000 个充放电周期。

使用 YCC 指数方法，计算该压缩空气储能系统的经济性，并确定其收益率（P_{m}）。

解 由式（6-15）计算经济效益指数（YCC）为

$$YCC = \frac{R_{\mathrm{total}}}{C_{\mathrm{total}}}$$

其中，$R_{\mathrm{total}} = R_{\mathrm{out}} - \dfrac{R_{\mathrm{in}}}{\eta}$

要计算 R_{out} 和 R_{in}，需要考虑充电和放电的电价。假设充电时电价为 0.3 元/kWh，放电时电价为 0.6 元/kWh。

$R_{\mathrm{out}} = 0.6$ 元/kWh，$R_{\mathrm{in}} = 0.3$ 元/kWh，$\eta = 0.7$

$$R_{\mathrm{total}} = R_{\mathrm{out}} - \frac{R_{\mathrm{in}}}{\eta} = 0.6 - \frac{0.3}{0.7} = 0.1714 \text{(元/kWh)}$$

$C = 2800$元/kWh，$C_0 = 0.1$元/kWh，$DOD = 0.7$，$L = 60000$

$$C_{\mathrm{total}} = \frac{C}{DOD \times L} + C_0 = \frac{2800}{0.7 \times 60000} + 0.1 = 0.1667 \text{(元/kWh)}$$

$$YCC = \frac{R_{\mathrm{total}}}{C_{\mathrm{total}}} = \frac{0.1714}{0.1667} = 1.0282$$

$$P_m = (YCC - 1) \times 100\% = (1.0282 - 1) \times 100\% = 2.82\%$$

（2）基于储能平准化成本的经济性分析方法。

平准化成本（Levelized Cost of Energy，LCOE）方法是一种常用的成本计量方法。LCOE 方法被首先应用于不同投资背景及规模的发电项目，进行政策分析及学术建模，以获取对应的经济性指标。LCOE 方法的核心在于将项目期间的净现值与电能产量在考虑时间价值后进行折算，并计算两者之间的比值。换言之，LCOE 表示在考虑时间价值的情况下，生产单位能量所需的成本。

平准化成本计算需要综合分析发电技术的成本与其生命周期：成本因素包括项目初始投资、运行维护费用，以及项目结束时的残值影响；生命周期指在技术各个阶段中引入时间价值的考量，进行全方位评估。这种评价方法更能克服净现值法等传统方法在技术间比较时的局限性，实现了不同发电技术和项目规模之间的有效比较。发电项目应从整个生命周期的成本角度，结合总耗电量进行平准化处理。基本公式是通过计算项目全生命周期的总成本与其运营期间的发电量，将两者相除，得到平准化电力成本的简单计算公式

$$LCOE = \frac{I_0 + \sum_{n=1}^{N} O\&M_n}{\sum_{n=1}^{N} G_n} \tag{6-17}$$

式中：I_0 为发电项目初始投资，包括建设费用及设备相关购置费用；$O\&M_n$ 为第 n 年的运行及维护成本，这一数值包括项目期内常见的人员费用、保险费用等；G 为发电量；N 为使用寿命。

现行的研究更多地结合了折现率，计算公式为

$$LCOE = \frac{I_0 + \sum_{n=1}^{N} \frac{O\&M_n}{(1+i)^n}}{\sum_{n-1}^{N} \frac{G_n}{(1+i)^n}} \tag{6-18}$$

式中：i 为给定的折现率。

除了发电系统外，LCOE 方法也可对储能系统进行经济性分析，但需要对公式进行改进：①在储能系统的全生命周期集成中，考虑残值的影响；②需充分探究储能项目的资金结构影响。下面以电化学储能系统为例，介绍改进的平准化成本分析方法。从储能系统的全生命周期角度出发，改进的 LCOE 方法涵盖了初期建设投资、中期运营维护费用以及末期残值部分。图 6-9 展示了电化学储能系统中各成本的占比情况。在典型的电化学储能系统中，锂电池成本是最大的成本构成，占比约为 48%。其次是施工成本，占比约为 16%，而电池配套设备如 BMS 系统和 PCS 系统的成本占比约为 16%。运维成本所占比例最低，约为 5%。

1）前期准备阶段成本 I_0。

在前期准备阶段，成本主要由电池购置、PCS 系统购置以及少量的安装费用构成。因此，I_0 的计算公式可表达为

$$I_0 = C_{batt} + C_{PCS} + C_{other} \tag{6-19}$$

式中：C_{batt} 为电池的购入成本；C_{PCS} 为 PCS 系统购入成本；C_{other} 为少量其他成本。

电池购置成本是指在储能电站项目的前期准备阶段所投入的资金，这一投入主要由储

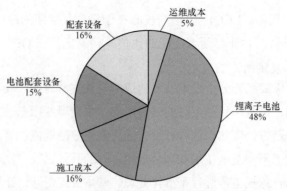

图 6-9　电化学储能系统中各成本占比

能电池的额定容量及单位容量的购置价格决定。具体的计算方式如下

$$C_{\text{batt}} = \pi_{\text{e}} E_{\text{batt}} \tag{6-20}$$

式中：π_{e} 为电池的单位容量购入价格（元/kWh）；E_{batt} 为储能电池的额定容量（kWh）。

PCS 系统的成本主要来自储能变流器的购置，这一成本与储能电池的额定功率以及变流器每单位功率的购置价格密切相关。

$$C_{\text{PCS}} = \pi_{\text{p}} P_{\text{batt}} \tag{6-21}$$

式中：π_{p} 为 PCS 系统单位功率购入价格（元/kW）；P_{batt} 为储能电池的额定功率（kW）。

在电化学储能系统的初期准备阶段，除了主要的电池和 PCS 系统购置成本外，还需考虑其他辅助设备和相关服务的费用。这些成本包括但不限于配电系统、热管理系统、施工费用、勘察费用以及项目开发费用等。

为了准确估算这些成本，可以采取两种方法：一是针对具体项目，根据实际情况单独收集每项费用的数据；二是采用单位功率或容量的成本系数，对这些费用进行估算。无论采用哪种方法，都需要确保成本估算的准确性和合理性，以便为项目的财务规划和决策提供可靠的依据。

2）项目运营中成本 O&M。

项目运营期间的成本主要由人工成本、运行维护费用以及重置成本构成，同时还包括少量的其他支出，如厂用电费用。因此，O&M 在不同情况下的年度计算公式可以表示为

$$O\&M_n = C_{\text{om}} + C_{\text{rep}} \tag{6-22}$$

式中：C_{om} 为每年投入的运行维护成本费用；C_{rep} 为在替换电池的情况下电池的更换成本，该值仅在替换电池当年发生。

运行维护费用用于确保电站在项目周期内的平稳运行。这些费用每年产生，与电池的容量和功率有一定的关系。具体的计算方法如下

$$C_{\text{om}} = \pi_{\text{omp}} P_{\text{batt}} + \pi_{\text{ome}} E_{\text{batt}} \tag{6-23}$$

式中：π_{omp} 为电池各年单位功率运维成本（元 / kW）；π_{ome} 为电池各年单位容量运维成本（元 / kW）。

电池重置成本类似于电池的初始购置成本。这部分费用主要由储能电池的额定容量和每单位容量的购置价格决定。具体计算方法如下

$$C_{\text{rep}} = \pi_e E_{\text{batt}} \tag{6-24}$$

3）末期残值 V。

在项目运营期末，即处置结算阶段，可以对前期投入的电池和 PCS 系统进行回收，并获得相应的收益 C_{re}。

$$V = C_{\text{re}} = (\pi_e E_{\text{batt}} + \pi_P P_{\text{batt}})\zeta \tag{6-25}$$

式中：ζ 为残值率，这里假定项目末期存在一个整体的残值率。

综上，考虑了电化学储能性能全生命运维周期的 LCOE 方法公式可修改为

$$LCOE = \frac{I_0 + \sum_{n=1}^{N} \frac{O\&M_n}{(1+i)^n} - \frac{V}{(1+i)^n}}{\sum_{n=1}^{N} \frac{G_n}{(1+i)^n}} \tag{6-26}$$

式中：i 为给定的利率；I_0 为储能项目初始投资，包括建设费用及设备相关购置费用；$O\&M_n$ 为第 n 年的运行及维护成本，这一数值包括项目期内常见的人员费用、保险费用等；G 为储能放电量；N 为储能使用寿命。

例 6-6 磷酸铁锂离子电池工作灵活性强，能实现多种组合方式，是常见的储能电站部件。该种电化学储能电池的单位容量购入价格 1000 元/kWh，变流器（PCS）系统单位功率购入价格 1000 元/kW。折现率为 6.2%，项目假定拥有 12 年的项目经营期，在第 12 年的年末对电池进行处置并获得残值，残值率为 9.8%。假定由于电池损耗，每年储能可利用电量降低 1.5%。假定各年运维成本占前期投入占比为 0.05%，该储能电站项目容量为 30MWh(20MW×1.5h)，求此电站的 LCOE。

解 $I_0 = C_{\text{batt}} + C_{\text{PCS}} + C_{\text{other}} = \pi_e E_{\text{batt}} + \pi_p P_{\text{batt}} + C_{\text{other}}$

$= 1000 \times 30 \times 1000 + 1000 \times 20 \times 1000 = 5 \times 10^7 (元)$

$O\&M_n = C_{\text{om}} + C_{\text{rep}} = I_0 \times 0.05\% = 25000(元)$

$V = C_{\text{re}} = (\pi_e E_{\text{batt}} + \pi_p P_{\text{batt}})\zeta$

$= (1000 \times 30 \times 1000 + 1000 \times 20 \times 1000) \times 9.8\% = 4.9 \times 10^6 (元)$

$$LCOE = \frac{\left[I_0 + \sum_{n=1}^{N} \frac{O\&M_n}{(1+i)^n} - \frac{V}{(1+i)^n} \right]}{\sum_{n=1}^{N} \frac{G_n}{(1+i)^n}}$$

$$= \frac{\left[5 \times 10^7 + \sum_{n=1}^{12} \frac{25000}{(1+0.062)^n} - \frac{4.9 \times 10^6}{(1+0.062)^{12}} \right]}{\sum_{n=1}^{12} \frac{365 \times 30 \times 10^3 \times (1-0.015n)}{(1+0.062)^n}} = 0.577(元/kWh)$$

2. 储能技术在不同收益模式下的经济性分析模型

（1）削峰填谷收益。

在电力需求低时，可再生能源可为储能装置进行充电；而在需求高时，储能装置反过来向电网供电。这将储能和可再生能源整合为一个系统，减少了电力系统中备用机组的容量需求，同时使得可再生能源的使用更加适应电网需求，易于管理和调度。

风电通常具有反调峰特性，即在夜间负荷较低时，风电输出往往较大，容易导致发电量超过需求，从而出现"弃风"现象。当夜晚电力需求减少且风电因电网容纳限制而不能被即时使用时，将风电储存起来。当电力传输线路负荷超出时，借助能量储存手段，可以有效减轻线路阻塞。存在发电价格波动的条件下，能够将夜间电价较低的风能储备，并在电价上升时释放至电网，有助于增加风电的盈利能力。在电力需求高峰期间，储能系统能够向电网注入能量，从而减轻了其他电源应对峰值负载的负担。这样达到了风电的削峰填谷能力。

储能用于可再生能源削峰填谷时的收益模型见式（6-27）。

$$I = Q_S \times (P - C_S) \tag{6-27}$$

式中：I 为年收益额（元 / 年）；P 为可再生能源发电上网电价（元 / kWh）；Q_S 为储能系统释能电量（kWh / 年）；C_S 为储能系统度电成本（元 / kWh）。

（2）跟踪计划出力收益。

风电固有的随机性和波动性对电网的稳定运行带来了挑战。为了维持电网的功率平衡和确保运行的安全性，对风电场的发电功率进行准确预测变得尤为重要。储能作为众多提高风电预测能力的技术之一，可以解决风电预测不能覆盖的时间段的问题，帮助风电提高预测的精确性。

储能应用于跟踪计划出力的收益模型见式（6-28）。

$$I = P \times Q \times (T' - T) - C_S \times Q \times (T' - T) + \Delta R_{red} \tag{6-28}$$

式中：I 为年收益额（元/年）；P 为当地可再生能源发电上网标杆电价（元 / kWh）；C_S 为储能系统的度电成本（元 / kWh）；ΔR_{red} 为有无储能两种情况下考核费用的减少额度（元/年）；Q 为可再生能源发电系统的装机容量（kW）；T' 为储能系统正常工作时可再生能源发电系统的年利用小时数（h）；T 为储能系统不工作时可再生能源发电系统的年利用小时数（h）。

（3）调频收益。

电力系统的频率稳定性是指在特定时间内电压波形的周期性重复次数，直接关联到发电和负荷之间的功率平衡。在实际电网运行中，频率可能会因发电与负荷功率的波动而偏离设定值。频率偏差不仅影响电力系统的稳定运行，还可能对设备造成损害。因此，一旦频率偏差超出允许范围，就必须进行调整。

电网的调频服务主要分为两个层次：一次调频和二次调频。一次调频依靠发电机组的调速系统，利用系统的自然负荷频率特性，迅速响应频率变化。然而，这种调节方式通常无法完全恢复系统频率至初始状态。二次调频通过自动发电控制（AGC）系统实现，通过调整发电机组的负荷频率特性，实现频率的精确控制。火电机组在提供二次调频服务时，由于能量转换的限制，其响应速度较慢，通常需要 1～2min。在中国，一次调频是并网发电站必须提供的服务，不直接产生市场收益。而二次调频服务，根据各区域电网的实施细则，可以获得相应的收入。储能设备通过充放电操作及其速率控制，能够有效地参与电网频率调节。它们响应速度快，调节能力强，在非满负荷状态下也能高效运行，提供显著的调频容量。

储能用于调频辅助服务时的收益模型见式（6-29）。

$$I = R_{in} + R_{reduc} + R_{de} - C_S \tag{6-29}$$

式中：I 为储能系统的年收益（元/年）；R_{in} 为配置储能系统前后 AGC 补偿收入增加额度（元/年）；R_{reduc} 为配置储能系统前后一次考核费用的减少额度（元/年）；R_{de} 为配置储能系统前后 AGC 考核费用的减少额度（元/年）；C_S 为配置的储能装置的年运行与投资均摊的成本（元/年）。

（4）调峰收益。

在电力系统的实际操作中，用电需求并非恒定不变，而是呈现出明显的峰谷变化。高峰负荷通常仅在一天中的特定时段出现，这就要求电力系统配备相应的发电机组来满足这些时段的电力需求，以确保电力供应与消费之间的平衡。不同国家的电力系统运行机制不同，对电力辅助服务的分类也有所差异。我国的调峰服务分为基本调峰和有偿调峰。基本调峰服务是并网发电机组必须提供的服务，且在规定的出力范围内无偿提供。有偿调峰涉及超出基本调峰范围的深度调峰操作，以及发电机组的启停机调峰。

储能系统在提供调峰服务时的年收益可以通过以下公式进行计算

$$I = Q_{gen} + P_{peak} - Q_{pump} \times P_{pump} - Q_{gen} \times C \tag{6-30}$$

式中：I 为储能系统的年收益（元/年）；P_{peak} 和 P_{pump} 分别为调峰和抽水电价（元/kWh）；Q_{gen} 和 Q_{pump} 分别为年发电和抽水电量（kWh/年）；C 为储能系统的度电成本（元/kWh）。

（5）分时电价管理收益。

在电力系统中，用户的电力需求并非恒定，而是随时间呈现周期性波动，表现为高峰、平时和低谷等不同阶段。为了适应这种需求变化，电力行业通常将一天 24 小时划分为不同的时段，并为每个时段设定不同的电价，这种定价策略被称为分时电价制度。用户可以根据分时电价安排自己的用电计划，将高峰时段的电力需求转移到低谷时段，以此减少电费支出，这种策略被称为分时电价管理。分时电价管理允许用户在电价较低的时段储存能量，在电价较高的时段使用储存的能量，从而实现成本节约。这种管理方式不仅降低了用户的电力成本，而且也不需要用户改变他们的用电模式，即使在电价最高的时段也能按需使用电力。在实行分时电价的市场中，储能系统成为帮助用户实施分时电价管理的有效工具。用户可以在电价较低时为储能系统充电，在电价较高时放电，通过这种低买高卖的方式实现经济效益。分时电价管理的收益主要通过电价差和用电计划的调整而获得。

$$I = P_{out} \times Q_{out} - P_{in} \times Q_{in} - C \times Q_{out} \tag{6-31}$$

式中：I 为储能系统年收益（元 / 年）；P_{in} 和 P_{out} 分别为储能电价和用电电价（元 / kWh）；Q_{in} 和 Q_{out} 分别为储能电量和用电量（kWh / 年）；C 为储能装置的度电成本（元 / kWh）。

（6）容量费用管理收益。

在电力市场中，电价机制通常包括两种类型：电量电价和容量电价。电量电价基于用户消耗的电能量进行计费；容量电价基于用户达到的最大用电功率来计费，与具体用电量或用电时间无关。

为了有效控制电力成本，电力用户可以实施容量费用管理策略，通过减少其用电高峰时段的功率需求来降低容量费用，进而减少总体电费支出。储能系统是实现这一目标的有效工具之一，它允许用户在电价较低的时段储存能量，并在高峰时段使用这些能量，以此减少高峰时段的电力需求和相应的容量费用。此外，在实施动态容量电价的市场中，用户可以利用储能系统在电价较低时段充电，在电价较高时段放电，进一步节约电费。储能系统的使用还有助于减少输变电设备的容量需求，为整个电力系统节约成本。

容量费用管理主要面向工业用户，它基于变压器的容量或用户的最大需用量来计算费用，而不是基于实际用电量。通过降低用户的用电功率，可以减少容量费用，从而降低总电费。

若按受电变压器的容量收取，则储能的投入，可帮助用户节约的年收益为

$$I = \sum_{n=1}^{12} (Q \times P + Q_s \times P_s) \tag{6-32}$$

式中：I 为配置储能系统后的容量费用管理年收益（元 / 年）；Q 和 Q_s 分别为没有储能和配置储能系统的情况下用户的变压器容量（kWh / 月）；P 和 P_S 分别为没有储能和配置储能系统的情况下的容量电价（元 / kWh）；n 为月份数。

若按最大需量收取，则储能的投入可帮助用户节约的年收益见式（6-33）。

$$I = \sum_{n=1}^{12} (\Delta Q_1 \times P_1 + \Delta Q_2 \times P_2 + \Delta Q_3 \times P_3) \tag{6-33}$$

式中：I 为配置储能系统后的容量费用管理年收益（元 / 年）；ΔQ_1、ΔQ_2 和 ΔQ_3 分别为尖峰时段、半尖峰时段和离峰时段因配置储能系统使得最大需求容量的减少（kWh /

月）；P_1、P_2 和 P_3 分别为尖峰时段、半尖峰时段和离峰时段的容量电价（元 / kWh）；n 为月份数。

（7）提高供电可靠性带来的收益。

在电力系统中，储能技术的应用不仅是优化电能的供需平衡，还扩展到了提高电网的供电可靠性。当电力系统发生故障导致停电时，储能系统能够迅速介入，向终端用户提供电能，从而减少停电时间，确保关键服务和操作的连续性。这种应用场景对储能设备的性能和可靠性提出了较高的要求，其放电时长通常与储能系统的安装位置和特定需求紧密相关。供电可靠性的经济价值评估是一个复杂的过程。首先，提高供电可靠性可以减少停电带来的经济损失，不同用户或负荷在停电中遭受的损失各异。其次，某些关键负荷，如涉及公共安全、紧急救援或军事需求的场合，对电力供应的依赖性极高，确保这些负荷的电力供应具有难以量化的重要价值。

在提高供电可靠性方面，降低断电事故，减少损失是储能给用户带来的主要获益点，见式（6-34）。

$$I = \sum(t \times Q \times P) \tag{6-34}$$

式中：I 为配置储能系统后的年收益（元 / 年）；t 为断电时间（h）；Q 为断电时储能提供的发电功率（kW）；P 为电力服务的价值（元 / kWh）。

例 6-7　假设某地区风电场用锌镍液流电池系统进行储能，在一年内释能电量 Q_S 为 1.2×10^7 kWh/年，储能系统度电成本 C_S 为 0.3 元/kWh，可再生能源发电上网电价 P 为 0.6 元/kWh。计算该储能系统一年的削峰填谷收益。

解
$$P - C_S = 0.6 - 0.3 = 0.3 \text{（元 / kWh）}$$
$$I = Q_S \times (P - C_S) = 1.2 \times 10^7 \times 0.3 = 3.6 \times 10^6 \text{（元 / 年）}$$

思 考 题 与 习 题

6-1　华东区域某抽水蓄能电站全年发电量为 800000MWh，全年抽水电量为 1000000MWh，应用 CCER 核算方法，计算该电站 2022 年全年的减排量。

6-2　假设一个灰氢生产厂每天使用天然气通过蒸汽甲烷重整（SMR）过程生产氢气。在这个过程中，消耗了 8000kg 的天然气。SMR 过程的效率为 60%。天然气的主要成分是甲烷（CH_4），占 95%，其余为不产生 CO_2 的气体。在生产过程中，有 1% 的天然气未反应逃逸到大气中。已知甲烷的全球增温潜势为 25。请计算该过程的碳排放量。

6-3　某压缩空气储能系统运行参数及物耗清单见表 6-7、表 6-8。请使用生命周期分析的方法，对该压缩空气储能系统进行碳排放分析。试分析不同电力来源对碳排放的影响。

表 6-7　　　　　　　　　　　某压缩空气储能系统运行参数

参数	容量（MW）	年发电小时数（h）	年储电小时数（h）	生命周期（年）
数量	390	2500	2500	30

表 6-8　　　　　　　　　　　物　耗　清　单

种类	数值	单位
钢	22339.8	t
水泥	70174.65	t

6-4　一个抽水蓄能电站在一年内，年发电电量为 Q_{gen} = 4000 万 kWh（kWh / 年），年抽水电量为 Q_{pump} = 5000 万 kWh（kWh / 年）。调峰和抽水电价分别为 P_{peak} = 0.5 元 / kWh 和 P_{pump} = 0.3 元 / kWh。储能系统的度电成本为 C = 0.1 元 / kWh。计算该抽水蓄能电站一年的调峰收益 I。

6-5　某工业用户在实施分时电价管理后，决定使用储能系统来优化其用电成本。以下是该用户一年内的用电和储能情况：在低谷时段，储能系统充电的电价为 0.3 元 / kWh，在高峰时段，用户使用的电价为 1.2 元 / kWh，储能系统一年内总共充电 100000kWh，用户一年内总共使用电能 80000kWh，储能系统的度电成本为 0.2 元 / kWh。请计算该用户通过分时电价管理一年可以获得的收益。

6-6　请解释物理储能技术在平衡能源输出和时间转移能量方面的作用，并讨论其相对于传统能源应用方法在碳排放方面的优势。

6-7　针对抽水蓄能储能系统，解释其如何在负荷低谷和高峰时段通过储能和释能来实现减排效果，并讨论其对新能源消纳的重要性。

6-8　除了减少碳排放，储能技术还可能对环境和社会产生哪些影响？请讨论这些技术在生态保护、就业创造以及社会经济发展方面的潜在贡献。

6-9　什么是综合能源系统？为什么储能系统是综合能源系统的核心？

6-10　储能系统的全生命周期包括哪些阶段？请详细描述每个阶段的碳排放来源和影响。

6-11　简要概括碳排放生命周期分析（LCA）方法的思想和具体步骤。

6-12　针对例 6-3，试减少假设条件，降低简化程度，确定更加贴近实际的系统边界，尽可能完善 LCA 碳排放分析。

6-13　常用的碳排放因子数据库（EFDB）有哪些？试调研不同的 EFDB 有哪些区别，适用场景有何不同。

6-14　简要概括 YCC 指数方法和 LCOE 平准化成本经济性分析方法的思想。试调研还有哪些适用于储能系统的经济性分析方法？

6-15　分析储能设备在提供调频辅助服务方面相对于传统火电机组的优势，并就其在不同国家电力市场中的盈利模式和市场机制进行比较。

　　6-16　针对分时电价管理，储能系统如何在不同的时段实现充电和放电以最大化用户的经济收益？采用何种策略可以使储能系统更有效地应对电价差异？

参 考 文 献

［1］ 童钧耕，王丽伟，叶强. 工程热力学［M］. 6版. 北京：高等教育出版社，2021.

［2］ 童钧耕，王丽伟，高等工程热力学［M］. 北京：高等教育出版社，2020.

［3］ 王如竹，何雅玲. 低品位热能的网络化利用［M］. 北京：科学出版社，2021.

［4］ M Faizan, T Brenner, F Foerster, et al. Decentralized bottom-up energy trading using Ethereum as a platform [J]. Journal of Energy Markets, 2019, 12(2): 19-48.

［5］ M Norani, M Deymi-Dashtebayaz. Energy, exergy and exergoeconomic optimization of a proposed CCHP configuration under two different operating scenarios in a data center: Case study [J]. Journal of Cleaner Production. 2022, 342: 130971.

［6］ 王紫璇. 低品位余热利用的热力自驱式有机工质动力循环构建及特性研究［D］. 博士学位论文，上海交通大学，2021.

［7］ LW Wang, GL An, J Gao, RZ Wang. Property and energy conversion technology of solid composite sorbents [M]. Science press, Beijing, China, 2021.

［8］ 高娇. 多卤化物复合吸附循环及其在车用制冷设备中的应用研究［D］. 博士学位论文，上海交通大学，2020.

［9］ AA Kebede, T Coosemans, M Messagie, T Jemal, HA Behabtu, J Van Mierlo, M Berecibar. Techno-economic analysis of lithium-ion and lead-acid batteries in stationary energy storage application [J]. Journal of Energy Storage, 2021, 40: 112748.

［10］ 黄志高，林应斌，李传常，等. 储能原理与技术［M］. 北京：中国水利水电出版，2018.

［11］ 陈海生，吴玉庭，等. 储能技术发展及路线图［M］. 北京：化学工业出版社，2020.

［12］ 曾光，纪阳，符津铭，等. 热储能技术研究现状、热点趋势与应用进展［J］. 中国电机工程学报，2023，43（S1）：127-142.

［13］ 陈海生，刘金超，郭欢，等. 压缩空气储能技术原理［J］. 储能科学与技术，2013，2（2）：146-151.

［14］ 施莱姆·桑塔那戈帕兰，坎德·史密斯. 大规模锂电池储能系统设计分析［M］. 北京：机械工业出版社，2021.

［15］ Y Wang, XL Huang, H Liu, et al. Nanostructure Engineering Strategies of Cathode Materials for Room-Temperature Na-S Batteries [J]. ACS nano, 2022, 16(4): 5103-5130.

［16］ MTF Rodrigues, G Babu, H Gullapalli, et al. A materials perspective on Li-ion batteries at extreme temperatures [J]. nature energy, 2017, 2(8): 1–14.

［17］ 董烁．企业核证自愿减排量（CCER）碳排放权价值评估［D］．山东：青岛理工大学，2022.

［18］ 游达明．技术经济与项目经济评价［M］．北京：清华大学出版社，2009.

［19］ 郑建国．技术经济分析［M］．北京：中国纺织出版社，2008.

［20］ 缪若松．基于无泵发电与双卤化物吸附制冷的分布式系统能源利用优化研究［D］．上海交通大学硕士论文，2022.